일 년 동안 매일 쌤과 함께하는 영어 시간 어땠나요?
여러분의 영어 실력이 쑥쑥 자란 것을 느꼈나요?
어렵고 지루한 공부가 아니라
재미있는 시간이 되었기를 바라요.
새로운 한 해도 쌤과 함께 신나게 영어 공부해 봐요♥

지은이 **김지원** ● ● ● ●

EBS 최연소 영어 강사로 데뷔해 올해 12년 차 강사다. 〈지원쌤의 영단어 믹스&매치〉, 〈중학영어 클리어〉 등 EBS에서 다양한 프로그램을 진행하며 영어를 가르치고 있다. 또한 SBS 〈꾸러기 탐구생활〉, MBC 코리아넷 〈Guess K-Initial〉 등 여러 방송에 출연하여 영어 강사로 활발한 활동을 하고 있다. 방송 이외에도 웅진 스마트올, 아이스크림 홈런 등 다양한 초중등 교육플랫폼에서 아이들이 영어를 즐겁게 공부할 수 있도록 돕고 있다. 3만 명의 구독자를 가진 유튜브 채널 〈영어응급실 지원쌤〉에 초등영문법 강의, 영어 공부하는 방법 등을 올리며 아이들에게 영어에 대한 부담을 덜어주려고 노력하는 선생님이다. 지은 책으로는 《비주얼 씽킹 초등 영문법 시리즈》, 《처음독해》, 《EBS 더뉴 중학영어 1학년》이 있다.

감수 **피터 빈트**Peter Bint ● ● ● ●

영국 출신으로 2009년에 한국으로 와 라디오 진행 및 TV 출연, 영어 교육 강사 등으로 활발하게 활동 중이다. 1만 명의 구독자를 보유한 유튜브 채널 〈피터 빈트〉에서는 영어 공부법을 비롯해 한국에서 보내는 일상을 보여주고 있다. EBS 〈왕초보 영어〉, 〈문해 특집 영어 하기 좋은 날〉, KBS1 〈이웃집 찰스〉 등 여러 프로그램에 출연했다. 또한 Arirang Radio 〈#dailyk〉, EBS FM 〈English go go〉, 〈귀가 트이는 영어〉 등에서 영어를 가르치고 있다.

감수 **서미솔(리즐쌤)** ● ● ● ●

서울 반원초등학교에서 교사로 재직 중이며, EBS에서 〈액티비티 잉글리시〉 시즌 1, 2와 재능방송 〈Today's Paper Diary〉 시즌 1, 2를 진행했다. 스몰빅클래스에서 초등학생을 대상으로 영어를 가르치고 있으며, 종이접기를 통해 아이들에게 영어가 자연스럽게 노출될 수 있도록 유튜브 채널 〈쏘피쌤의 영어 종이접기〉을 운영 중이다.

The only place where success comes before work is in the dictionary.

-Vidal Sassoon

'성공'이 '일'보다 앞서는 것은 사전에서나 있는 일이다.

- 비달 사순

하루 5분의 기적!

EBS 영어 강사 지원쌤의 초등영어회화 일력 365

초판 1쇄 발행 2023년 11월 15일

지은이 김지원

편집부 이가영, 구주연
디자인 홍민지

펴낸이 최현준
펴낸곳 빌리버튼

출판등록 제 2016-000166호
주소 서울시 마포구 월드컵로 10길 28, 201호
전화 02-338-9271 | **팩스** 02-338-9272
메일 contents@billybutton.co.kr

ISBN 979-11-92999-23-4 (12590)

이번 주에 배운 표현을 복습해 볼까요?

☐ Let it snow, let it snow, let it snow!

눈 많이 내리게 해주세요!

☐ Do me a favor. 부탁 하나만 들어줘.

☐ Hold on. 잠깐만 기다려 줘.

☐ We don't get along. 우리는 사이가 좋지 않아.

☐ Is everything okay? 무슨 일 있어?

아이들의 영어를 하루 5분으로 구해드리겠습니다!

"우리 아이는 영어를 술술 말했으면.
영어 스트레스 없이 하고 싶은 일을 했으면."
이런 마음으로 아이를 키우고 계신 부모님들이 참 많으실 거라는 생각이 들어요. 적어도 초등학교 저학년 아이들에게 영어는 '즐거운 것'이어야 하고, '자연스럽게' 받아들이는 소통 수단이어야 합니다. 그래야 오히려 학습 효율이 좋다는 것을 수많은 논문과 공부법 책들이 증명하고 있어요.

그러려면 아이의 눈과 손이 닿는 곳곳에 영어를 접할 수 있는 환경을 조성해주는 게 가장 좋습니다. 그렇다고 영어 문장이 잔뜩 쓰여있는 책은 딱 봐도 공부 느낌이 나서 아이들이 질색하거든요. 또 지루한 것도 정말 싫어하죠. 그래서 영어를 자연스럽게 익힐 수 있도록 달력의 형태로 만들었습니다. 아이들은 재미있는 이야기를 읽으며 매일 한 장씩 페이지를 넘기게 되고, 그 이야기와 연결 지어서 문장을 기억하게 되는 기적을 경험하게 될 겁니다.

하루에 5분, 한 문장으로 공부가 될까 싶으시겠지만 매일 담고 있는 내용은 결코 가볍지 않습니다. 2024년 개정 교과과정, 그에 맞는 새로운 교육부 필수 초등어휘 800개, 그리고 교과서별 필수 문장 목록까지 모두 압축하여 정리했습니다. 하루에 한 장을 가볍게 넘기다 보면 초등 6년 동안 배워야 할 문장을 모두 익힐 수 있도록 치밀하게 설계했답니다. 또한 지금 원어민 아이들이 쓰는 '진짜 영어 회화' 문장들을 담아 더욱 유익할 것입니다.

매일 아이와 함께 문장을 읽으며 영어로 대화하는 시간을 가지시면 좋겠습니다. 영어 실력과 추억, 두 마리 토끼를 잡는 경험이 되길 응원합니다.

Is everything okay?

무슨 일 있어?

단짝 친구와 즐겁게 등교했어요. 각자의 반에서 시간을 보내고, 여느 때와 똑같이 만나서 집으로 가는데 친구의 표정이 좋지 않네요. 원래는 오늘 있었던 재밌는 일을 이야기하며 하교하는데 말이에요. 무슨 일이 있었던 걸까요? 걱정되어서 물어봐요. "Is everything okay?"

오늘의
단어

everything 모든 것
okay 괜찮은

응용
표현

Everything is going to be okay.
모든 게 다 잘 될 거야.

January

1월

We don't get along.

우리는 사이가 좋지 않아.

현수랑은 어렸을 때부터 알고 지낸 사이에요. 부모님끼리 친하시거든요. 그런데 우리 둘은 성격이 달라서 만나면 꼭 한 번은 다투게 된다니까요. 부모님이 현수를 만나러 가자고 하시는데 별로 내키지 않아서 툴툴거리는 목소리로 말하고 말았어요. "We don't get along."

오늘의
단어

get along 잘 어울려 지내다

응용
표현

I hope we get along!
앞으로 잘 지내보자!

1st

Happy new year!
새해 복 많이 받으세요!

오늘 가족들에게 새해 인사를 했나요? '새해 복 많이 받으세요!' 라고 인사했
다면, 영어로도 한 번 해볼까요? 올 한해 여러분이 영어와 더 가까워지기를
바라며 쌤도 인사할게요! "Happy new year!"

 happy 행복한
new 새로운

 Happy holiday!
즐거운 휴일 보내세요.

Hold on.

잠깐만 기다려 줘.

다른 반에서 친구가 찾아와 지민이를 불러달라고 하네요. 고개를 들어 지민이가 어디 있는지 찾아봤어요. 저 앞에 지민이가 보여요. 알겠어. 잠깐만 기다려. "Hold on. 지민아, 친구가 찾아왔어."

 오늘의 단어

hold 잡고 있다, 쥐다, 유지하다

 응용 표현

Hold it!
움직이지 마!

Same here.

나도 그래.

원어민이 정말 자주 쓰는 표현이에요. 친구들은 나도 그렇다고 말할 때 'Me, too.'를 많이 쓰나요? 쌤도 그랬어요. 친구가 배가 고프다거나 졸리다고 말하면 언제나 'Me, too.'라고 대답했답니다. 어느 날, 쌤한테 친구들이 웃으면서 나도 그렇다는 표현에는 'Same here.'도 있다고 가르쳐줬답니다. '마찬가지야'라는 의미로도 쓰여요.

오늘의 단어　**same** 같은

응용 표현

A: **Happy new year!**
B: **Same to you.** (인사에 대한 답으로) 당신도요.

Do me a favor.

부탁 하나만 들어줘.

도서관에서 있으면 조용해서 기분이 좋아요. 책이 잔뜩 있는 것도요. 그런데 하필 읽고 싶은 책이 너무 높은 선반에 있네요. 마침 지나가는 키 큰 친구에게 말해요. "있잖아, Can you do me a favor? 저 책 좀 꺼내줄 수 있겠니?"

오늘의 단어

favor 호의

응용 표현

He asked for a favor.
그가 내게 부탁을 했어.

3rd

I got your back.

난 네 편이야.

새해가 되어 새 학년이 될 친구들에게 해줄 이야기가 있어요. 앞으로 해야 할 공부는 점점 어려워지고 낯선 환경에서 새로운 친구들과 선생님을 만나게 될 거예요. 마음이 힘들 때는 이 말을 기억해 주세요. 그대로 해석하면 '네 등을 내가 잡았다.'라는 이상한 말이지만 사실 '안심해. 나는 네 편이야.'라는 멋진 말이랍니다. 쌤은 항상 여러분의 편이에요.

 오늘의 단어

I 나
your 너의

응용 표현

I like your hair style.
난 네 머리 스타일이 마음에 들어.

Let it snow,
let it snow, let it snow!

눈 많이 내리게 해주세요!

메리 크리스마스! 온 세상이 눈으로 뒤덮여 하얀색인 화이트 크리스마스인가요? 겨울이지만 눈이 내리면 따뜻하고 포근한 느낌이 들어요. 눈이 잔뜩 내린 크리스마스는 더욱 설레고요. '눈 많이 내리게 해주세요!'는 겨울에 자주 부르는 노래 가사로도 있어요. 이렇게 말하면 된답니다. "Let it snow, let it snow, let it snow."

 오늘의 단어

snow 눈, 눈 내리다

 응용 표현

Let it go.
내버려 둬, 잊어버려.

Not bad.

나쁘지 않네.

온 가족이 다 같이 쇼핑을 하러 왔어요. 엄마가 예쁜 원피스를 골라 피팅룸에 들어가 갈아입고 나오셨어요. 이때 아빠가 엄마에게 해야 할 말은 뭘까요? 그래요. '정말 예쁘다!'가 정답입니다! 'Not bad.'라고 했다가는… 뒷일을 생각하고 싶지 않을지도 몰라요. 하하.

 오늘의 단어 **not** ~가 아니다

 응용 표현 **That's not enough.**
그것으론 충분하지 않아.

In a world where you can be anything, be kind.

- Jennifer Dukes Lee

모든 것이 될 수 있는 이 세상에서, 친절한 사람이 되어라.

- 제니퍼 듀크 리

5th

Good morning!

좋은 아침!

기지개를 쭉 켜면서 Good morning! 엄마 아빠한테 안기면서 Good morning! 아끼는 인형이나 장난감에게 웃으면서 Good morning! 이렇게 세 번 외치고 하루를 시작해 보세요. 오늘은 하루 종일 기분이 좋을 거예요. 왜냐고요? 행복한 하루를 보내는 지원쌤만의 주문이거든요.

 오늘의 단어

good 좋은

 응용 표현

good night.
잘 자요.

이번 주에 배운 표현을 복습해 볼까요?

- ☐ I bet. 물론 그랬겠지.

- ☐ Check this out! 이것 좀 봐!

- ☐ You're on fire! 너 진짜 잘한다!

- ☐ I can't work this out. 나 이거 못 풀겠어.

- ☐ May I see your passport, please?
  여권 좀 보여주실 수 있을까요?

이번 주에 배운 표현을 복습해 볼까요?

☐ Happy new year! 새해 복 많이 받으세요!

☐ Same here. 나도 그래.

☐ I got your back. 난 네 편이야.

☐ Not bad. 나쁘지 않네.

☐ Good morning! 좋은 아침!

May I see your passport, please?

여권 좀 보여주실 수 있을까요?

지원쌤은 크리스마스를 해외에서 보내고 싶은 로망이 있었어요. 그래서 크리스마스를 며칠 앞두고 프랑스에 갔던 적이 있답니다. 그때 여권을 보여달라는 이 말을 참 많이 들었어요. 해외여행에서 잘 챙겨야 하는 것이 바로 여권이에요.

오늘의 단어

may ~일지 모른다, ~해도 되다
passport 여권

응용 표현

May I have your name please?
이름이 뭔지 알 수 있을까요?

Dreams come true.

꿈은 이루어진다.

I can't work this out.

나 이거 못 풀겠어.

이 문장은 어려운 수학문제를 풀다가 막혔을 때 쓸 수 있어요. 아니면 친구랑 싸워서 힘든 상황에 놓였을 때도 쓸 수 있답니다. 해결하지 못하는 어려운 상황에서 도움이 필요할 때 쓸 수 있겠죠?

오늘의 단어

work out 잘 풀리다, 운동하다

응용 표현

How often do you work out?
운동을 얼마나 자주 해?

That's it.

그게 다야.

지수가 다가와 짓궂은 표정으로 소희에게 말을 겁니다.

지수: "야, 나 어제 너랑 준서랑 둘이 벤치에 앉아있는 거 봤다!
　　　너희 뭐야~ 무슨 사이야?"
소희: "어? 그냥 학원 버스 기다린 건데? 걔도 거기서 탄다길래. 그게 다야."

오늘의
단어

that 저것

응용
표현

That's mine.
저건 내 거야.

You're on fire!

너 진짜 잘한다!

친구들 어른들이 불금이라고 말하는 걸 들어본 적 있어요? 무언가 한창일 때 '불탄다'는 표현을 쓰곤 하는데요. 친구랑 게임을 하는데 친구가 상대편을 쓰러 트리는 데 세 번 연속 성공했어요! 그럴 때 이런 표현을 쓸 수 있답니다. "Wow! You're on fire!"

 오늘의 단어

on fire 불붙은, 불타는

 응용 표현

It's on fire!
(불이 붙어서) 타고 있어!

9th

Here you are.

여기 있어요.

상대방에게 무언가를 건네줄 때 많이 쓰는 유용한 표현이에요. 쌤은 아빠가 안경 닦이를 찾아달라고 하실 때 많이 썼어요. 집안 어딘가에서 안경 닦이를 찾아 아빠께 가져다 드리면서 말했죠. 'Here you are.' 하고요. 여러분도 엄마 아빠의 심부름을 하게 되었을 때 한 번 사용해 보세요.

오늘의
단어

here 여기

응용
표현

Here we go!
자, 갑니다!

Check this out!

이것 좀 봐!

미술 시간에 찰흙으로 집을 만들었어요. 내가 봐도 아주 멋진 작품을 완성한 거
예요. 정말 뿌듯한 마음으로 집에 가져가서 현관문을 열자마자 동생을 부르면
서 소리쳤어요. 'Hey, Check this out!'

check out 확인하다

Did you check out the website?
너 웹사이트 확인해봤어?

Crystal clear.

확실히 알았어요.

그냥 이해한 게 아니라 투명한 크리스탈처럼 아주 확실하게 이해한 거예요. 100% 알아들었을 때 쓰면 좋은 표현입니다. 특히 엄마의 잔소리에 특효약이니 바로 사용해 보세요. '엄마, 나 완전히 알아들었어요!' 대신에 말이에요. 주의사항은 정말로 완전히 알았을 때만 사용하기!

오늘의 단어

clear 분명한, 확실한

응용 표현

It's crystal clear now.
지금 그건 아주 명백해.

I bet.

물론 그랬겠지.

I bet 뒤에는 내가 하고 싶은 말을 붙여 쓸 수 있어요. 그러면 확실히, 틀림없이 ~~할 거라는 말이 되죠. 'I bet she won the first prize! 그 애가 분명 1등 했을 걸!' 이렇게요. 그런데 짧게 I bet만 하면 상대의 말에 완전히 공감하는 표현이 됩니다. 틀림없이 그랬겠지, 왜 아니겠어! 이렇게요.

오늘의 단어

bet 내기하다, 분명하다

응용 표현

Wanna bet?
내기할래?

Do you like shopping?

너 쇼핑하는 거 좋아해?

지원쌤은 엄마랑 마트에 가는 것을 정말 좋아했어요. 마트에 가면 늘 계산대 앞에 있는 초콜릿을 사달라고 졸랐답니다. 사실 지금도 계산대 앞에 놓인 간식의 유혹에서 벗어나기 힘들어요. 여러분은 마트에 가면 무엇을 사고 싶은 가요?

 오늘의 단어

like 좋아하다

 응용 표현

Do you like traveling?
너 여행하는 거 좋아해?

Success is not the key to happiness. Happiness is the key to success.

- Albert Schweitzer

행복의 비결은 성공이 아니다. 성공의 비결이 바로 행복이다.

- 알버트 슈바이처

12th

Buckle up.

안전벨트 매.

차에 타면 안전벨트를 꼭 매야 해요. '안전벨트를 매주세요.'라는 말을 할 때는 'Fasten your seat belt.'라는 문장을 써요. 기차나 비행기, 고속버스를 타본 친구들이라면 이 문장을 본 적이 있을 거에요. 그런데 길고 딱딱하죠? 안전벨트를 끼우는 곳이 영어로 버클이라서 일상생활에서는 편하게 'Buckle up!'이라고 말한답니다.

오늘의 단어　　**up** 위로

응용 표현　　**Stand** up.
일어나.

이번 주에 배운 표현을 복습해 볼까요?

- [ ] I'm all ears! 나 경청하고 있어!

- [ ] I changed my mind. 나 마음을 바꿨어.

- [ ] That's a no-brainer! 고민할 필요도 없지!

- [ ] I don't care. 신경 안 써.

- [ ] It matters to me. 나에겐 중요해.

이번 주에 배운 표현을 복습해 볼까요?

☐ That's it. 그게 다야.

☐ Here you are. 여기 있어요.

☐ Crystal clear. 확실히 알았어요.

☐ Do you like shopping? 너 쇼핑하는 거 좋아해?

☐ Buckle up. 안전벨트 매.

It matters to me.

나에겐 중요해.

부모님께서 이사를 간다고 하시는 거예요. 쌤은 바로 아래층에 사는 친한 친구랑 떨어지기 싫었거든요. 어차피 같은 동네에서 이사하는 거라 친구와 학교도 계속 같고, 자주 볼 수 있대요. 그래도 멀어지는 건 변함 없잖아요. '아냐, 아빠. It matters to me!'

오늘의 단어

matter 중요하다, 문제되다

응용 표현

Does it matter to you?
너한테 이게 중요하니?

Better late than nothing.

아무것도 하지 않는 것보다는

늦게라도 시작하는 게 낫다.

I don't care.

신경 안 써.

모든 사람과 잘 지내면 좋겠지만, 이유 없이 심술부리는 사람들도 분명 있어요. 쌤이 어렸을 때 나에 대해 일부러 나쁜 소문을 퍼뜨리고 다니는 아이들이 있다는 말을 들었답니다. 하지만 신경도 쓰고 싶지 않아서 말했어요. "I don't care."

오늘의 단어

care 돌보다, 신경 쓰다

응용 표현

Who cares?
누가 신경 써? (아무도 신경 쓰지 않아.)

My name is Kelly.

제 이름은 켈리입니다.

보통 앞에 Hi나 Hello를 붙이고 이 문장을 말하겠죠. 물론 가볍게 'I'm Kelly.'라고 해도 됩니다. 꼭 영어 이름을 넣어야 하냐고요? 아뇨! 부모님이 고심해서 지어주신 이름이 얼마나 예쁜데요. 쌤의 이름은 '지혜로울 지, 아름다울 원' 지혜롭고 아름답다는 뜻이에요. 친구들의 이름은 어떤 뜻을 가지고 있나요? 부모님이 지어주신 어여쁜 이름을 넣어서 오늘의 문장을 크게 읽어주세요.

오늘의
단어

name 이름

응용
표현

His name is John.
그의 이름은 존이에요.

That's a no-brainer!

고민할 필요도 없지!

만약 뇌가 없으면 어떨까요? 생각이나 고민이라는 게 불가능하겠죠? 하지만 이 일은 뇌가 없어도 결정할 수 있을 만큼 당연하다는 거예요. 엄청나게 더운 여름, 친구와 길을 걷다가 앞에 아이스크림 트럭이 보여요. 아이스크림 먹을래? 'That's a no-brainer!'

 오늘의 단어

brain 뇌

 응용 표현

Brainstorm your ideas!
아이디어를 짜내어보세요!

Let's try voice chat.

전화로 하자.

쌤은 손가락이 통통한가 봐요. 스마트폰 자판으로 메시지를 입력하다 보면 오타가 자주 나서 참 성가시답니다. 그래서 이 문장을 자주 말해요. 메시지보다 말이 훨씬 빠르고 대화하기 수월하니까요. 친구들도 상대방에게 무언가를 하자고 말할 때는 Let's를 쓰면 된답니다.

오늘의 단어

Let's ~하자
try 시도하다

응용 표현

Let's try video chat.
영상 통화로 하자.

I changed my mind.

나 마음을 바꿨어.

친구가 오늘부터 건강한 습관을 들일 거래요. 햄버거나 피자를 덜 먹고, 운동도 꾸준히 할 거라고요. 그래서 공원에서 만나 같이 줄넘기를 했어요. 그런데 돌아오는 길에 배고팠는지 친구가 말하네요. "I changed my mind. 햄버거 먹고 가자."

오늘의 단어

change 바꾸다
mind 생각, 마음

응용 표현

Why did you change your mind?
왜 생각을 바꿨어?

I'm from South Korea.

나는 대한민국에서 왔어.

쌤은 대학교에 다닐 때 스페인으로 교환학생을 갔었어요. 세상에! 아시아인은 다 중국인이라고 생각하지 뭐예요? 지금은 K팝과 드라마 영향으로 많이 나아졌지만, 예전에는 그렇지 않았어요. 그래서 하루에 한 번씩은 말했던 것 같아요. "I'm from South Korea!" 친구들도 외국인을 만나면 이 말을 하게 될 일이 있을지도 모르니 미리 알아두자고요!

오늘의 단어

from ~로 부터

응용 표현

I'm from Canada.
나는 캐나다에서 왔어.

I'm all ears!

나 경청하고 있어!

쉬는 시간에 친구가 비밀스럽게 나를 부르더니, 요새 좋아하는 아이가 있다는 거예요! 세상에, 너무너무 궁금하잖아요? 내가 두 귀 활짝 열고 완전 집중해서 듣고 있어. 자세히 말해봐! 'I'm all ears!'

오늘의 단어

all 모두, 모든
ear 귀

응용 표현

I'm all yours.
내가 다 도와줄게

18th

Exactly!

정확해!

쌤은 어릴 때 선생님과 부모님께 이 말을 들으면 너무 기분이 좋았어요. 마치 칭찬 도장을 받은 기분이 들었거든요. 사실 지금도 쌤은 이 말을 들으면 기분이 좋아져요.

exact 정확한

That's right.
그게 맞아. (right 올바른)

The best way to predict the future is to create it.

- Abraham Lincoln

미래를 예상하는 가장 좋은 방법은 직접 창조하는 것이다.

- 에이브러햄 링컨

What's wrong?

무슨 일이야?

wrong은 '잘못된'이라는 뜻이에요. 친구의 얼굴이 시무룩해 보일 때 이렇게 물어볼 수 있겠죠? '뭐가 잘못됐어?' 하고요. 친구를 걱정하는 마음을 담아 조심스럽게 물어보아요. 친구가 무슨 일이 있는지 말해주면 위로를 건네주고, 말하기 어려워한다면 더 캐묻지 말고 꼭 안아주세요.

 오늘의 단어

what 무엇

응용 표현

What's the matter?
무슨 일이야?

이번 주에 배운 표현을 복습해 볼까요?

☐ I have a sweet tooth. 나는 단 거 좋아해.

☐ That's a piece of cake. 그런 것쯤 식은 죽 먹기지.

☐ You're the apple of my eye.

  넌 눈에 넣어도 아프지 않은 소중한 존재야.

☐ Pinky promise. 새끼손가락 걸고 약속.

☐ Count me in! 나도 끼워줘!

이번 주에 배운 표현을 복습해 볼까요?

☐ My name is Kelly. 제 이름은 켈리입니다.

☐ Let's try voice chat. 전화로 하자.

☐ I'm from South Korea. 나는 대한민국에서 왔어.

☐ Exactly! 정확해!

☐ What's wrong? 무슨 일이야?

Count me in!

나도 끼워줘!

세라가 파자마 파티를 연대요. 참여할 수 있는 친구들을 모으고 있네요. 소식을 듣고 가서 대답합니다. "세라야, 너 파자마 파티한다며? Count me in!" 나도 넣어서 사람 수를 세어달라는 말이에요. 그러니 나도 참여한다는 뜻이 되는 거지요.

 오늘의
단어

count 세다
in 안에

 응용
표현

Are you in?
너도 참여할 거야?

Practice makes
perfect.

연습이 완벽함을 만든다.

Pinky promise.

새끼손가락 걸고 약속.

Pinky는 새끼손가락을 뜻해요. 약속할 때 새끼손가락을 거는 건 우리도 마찬가지죠? 새끼손가락 걸고 약속해! 'Pinky promise!'

지원쌤의 Tip 엄지는 thumb, 검지는 index finger, 중지는 middle finger, 약지는 ring finger라고 해요.

오늘의
단어

pinky 새끼손가락(혹은 little finger)
promise 약속, 약속하다

응용
표현

Thumbs up!
최고!

22nd

I'm glad to hear that.

그 말을 들으니 기뻐.

친구가 싱글벙글 웃으며 학교에 왔어요. 좋은 일이 있는지 물어봤더니, 지난 번보다 수학 점수가 30점이나 올랐대요! 이렇게 놀라운 소식을 들었을 때 "I'm glad to hear that." 하고 축하하고 함께 기뻐해 주면 좋겠죠?

 오늘의 단어

glad 기쁜
hear 듣다

응용 표현

I'm sorry to hear that.
마음이 아프다.

You're the apple of my eye.

넌 눈에 넣어도 아프지 않을 소중한 존재야.

눈에 넣어도 아프지 않다는 표현을 들어봤어요? 눈에 먼지 하나 들어가도 따가워서 눈물이 줄줄 흐르는데, 그럴 리 없다고 소리칠 수 있겠지만요~ 그만큼 사랑한다는 뜻이에요. 부모님에게 여러분은 그런 존재예요. 정말 사랑하고 소중해서 눈에 넣어도 아프지 않을 아들딸일 거랍니다.

오늘의 단어

apple 사과
eye 눈

응용 표현

You're the love of my life.
넌 내 일생일대의 사랑이야.

Guess what?

있잖아.

어라? 분명 영어 문장은 물음표로 끝났는데 우리말 해석에는 물음표가 없네요. 직역하면 '알아맞혀 봐.'라는 뜻인데, 원어민 친구들이 주로 말을 걸거나 이야 기를 시작할 때 추임새처럼 쓰곤 해요. 그래서 '있잖아~' 라고 해석하는 게 자연 스럽답니다. 'Guess what? 나 스마트폰 새로 샀다!' 이렇게요.

오늘의 단어

guess 추측하다

응용 표현

You know what?
그거 알아?

That's a piece of cake.

그런 것쯤 식은 죽 먹기지.

디저트에서 나온 표현이에요. 쌤은 배부르게 밥을 먹어도 디저트를 먹을 배는 있어요. 치즈케이크 한 조각쯤은 순식간에 해치울 수 있답니다. 친구가 도와 달라고 부탁한 일이 내게는 맛있는 케이크 한 조각 먹어치우는 것만큼 쉬운 일일 때 이렇게 답해요. "That's a piece of cake!"

piece 조각
cake 케이크

It's a piece of pie.
식은 죽 먹기야.

24th

Calm down.

진정해.

너무 신이 나거나 흥분했을 때 '침착해~ 침착해~' 이런 말을 들어본 적이 있나요? 영어로는 'calm down.'이라고 해요. 지원쌤은 초등학생 때 이 말을 듣고 'come down? 아래로 오라는 건가?' 이렇게 잘못 알아들었던 흑역사가 있답니다. 무슨 뜻인지 중학생이 돼서야 알게 되었지 뭐예요.

오늘의 단어

calm 침착한, 차분해지다

응용 표현

Keep calm.
침착함을 잃지 마.

I have a sweet tooth.

나는 단 거 좋아해.

지원쌤이 아이스크림을 정말 좋아하지만 아이스크림 말고 초콜릿, 사탕, 마카롱, 다쿠아즈, 젤리, 케이크를 다 좋아해요. 어릴 때 쌤의 꿈은 초콜릿 강이 흐르고 나무에 솜사탕과 마카롱이 열리는 곳에 사는 거였답니다. 하지만 꿈을 이루기는 쉽지 않을 것 같아요. 대신 이따가 오레오 초코 스무디를 먹어야겠어요.

오늘의 단어

sweet 단, 다정한
tooth 치아 (복수형 teeth)

응용 표현

You're so sweet!
너 정말 다정하다!

Who is he?

저 사람은 누구예요?

'저 사람'이 남자라면 he, 여자라면 she를 써주세요. 아빠와 함께 아빠 친구들 모임에 왔다고 생각해 보세요. 대부분 처음 보는 분들이겠죠? 그럼 물어봐야 죠. '아빠, 저분은 누구세요?' 그 다음 예의 바르게 인사하면 최고의 아들과 딸 이 될 수 있을 거예요!

오늘의 단어

who 누구
he 그

응용 표현

Who are you?
당신은 누군가요?

Happiness is the richest thing we will ever own.

- Donald Duck, ⟨Ducktales The Movie⟩

행복은 우리가 소유할 수 있는 것 중 가장 부유한 거야.

- 도널드 덕, ⟨도널드 덕 가족의 모험⟩

Cheer up!

힘내!

어라? '힘내'를 영어로 하면 '화이팅(Fighting)!' 아닌가 하고 고개를 갸우뚱하는 친구들이 있을 수도 있어요. 사실 화이팅은 콩글리시예요. 미국인 친구들은 이 말을 듣는 순간, 놀라서 눈을 동그랗게 뜰지도 몰라요. 싸우자는 뜻이거든요. '힘내'는 영어로 'Cheer up.'이라는 것을 오늘 확실히 알고 가자고요.

오늘의
단어

cheer 응원, 환호하다

응용
표현

Way to go.
(위로를 담아) 힘내.

이번 주에 배운 표현을 복습해 볼까요?

□ It's not worth it. 그럴 만한 가치가 없어.

□ For here or to go? 먹고 가나요, 포장해 가나요?

□ Pick me up at 7. 7시에 데리러 와 주세요.

□ I did a number two. (화장실에서) 큰 것 봤어.

□ Not nearly enough. 간에 기별도 안 갈 정도야.

이번 주에 배운 표현을 복습해 볼까요?

- [ ] I'm glad to hear that. 그 말을 들으니 기뻐.

- [ ] Guess what? 있잖아.

- [ ] Calm down. 진정해.

- [ ] Who is he? 저 사람은 누구예요?

- [ ] Cheer up! 힘내!

Not nearly enough.

간에 기별도 안 갈 정도야.

쌤 친구 중에 엄청나게 많이 먹는 친구가 있어요. 여러분 친구도 있나요? 정말 유튜브 먹방 찍어도 될 것 같은 친구예요. 저번에 친구와 한 그릇의 양이 엄청나게 많기로 유명한 식당을 갔어요. 쌤은 반도 못 먹고 배가 불러 항복했는데, 그 친구는 자기 것을 다 먹고 제 것까지 먹었어요. 그래서 제가 물어봤죠. "배부르지?" 그랬더니 친구가 그러더라고요. "Not nearly enough."

오늘의 단어

nearly 거의
enough 충분한

응용 표현

It's far from enough.
충분하려면 멀었어.

마음에 힘을 더하는 한 마디

A friend in need is
a friend indeed.

어려울 때 친구가 진정한 친구다.

December

12월

Can I help you?

제가 도와드릴까요?

햄버거를 먹으러 햄버거 가게에 왔어요. 주문하려고 줄을 서서 순서를 기다리고 있는데, 앞에 계신 할머니가 키오스크 앞에서 쩔쩔매시네요. 곤란해하시는 모습을 보니 도와드리고 싶은 마음이 들어요. 그럴 때는 조심스레 물어봅시다. "Can I help you?"

 오늘의 단어
can ~할 수 있다
help 돕다

 응용 표현
Can I give you a hand?
제가 그 일 좀 도와드릴까요?

I did a number two.

(화장실에서) 큰 것 봤어.

친구들과 오랜만에 놀러 나왔어요. 점심을 맛있게 먹고 있는데 갑자기 배에서 이상한 소리가 나며 신호가 옵니다. "얘들아, 나 잠깐만 화장실에 다녀올게!" 급히 발걸음을 재촉해 화장실에 겨우 도착했어요. 해결하고 나오니 세상이 아름다워 보여요. 친구들이 물어봅니다. 작은 거였어, 큰 거였어? "I did number two."

오늘의 단어

number 번호
two 숫자 2

응용 표현

I really need to go. (to the bathroom)
나 진짜 (화장실) 급해.

30th

Excuse me.

실례합니다.

지원쌤이 미국 뉴욕으로 출장갔을 때 제일 많이 한 말 1등을 꼽으라면 'Excuse me.'예요. 뉴욕에는 사람이 진짜 많거든요. 근데 뉴욕에서 사는 사람들은 옷깃만 스쳐도 'Excuse me.'를 외치며 사과를 하더라고요. 그래서 쌤도 사람들과 스칠 때마다 이야기하겠다고 다짐했답니다. 그랬더니 글쎄 하루에 스무 번도 넘게 'Excuse me.'를 해야 했어요.

오늘의 단어   me 나를

응용 표현   **That is an excuse.**
그건 핑계일 뿐이야.

Pick me up at 7.

7시에 데리러 와 주세요.

pick up은 줍다, 들어올린다는 뜻이에요. 바닥에서 무언가 집어 올리거나 물건을 찾아오거나 차에 태울 때도 쓴답니다. 오늘은 태권도 학원이 끝나면 엄마가 차로 데리러 오신대요. "엄마가 몇 시까지 오면 될까?" 하고 물어보셨어요. "Pick me up at 7!"

 오늘의 단어

pick 고르다, 뽑다
up 위로

 응용 표현

Pick up your phone, please!
제발 전화 좀 받아!

31st

I miss you.

보고 싶어요.

여러분이 당연하게 여기는 것들이 알고 보면 엄청 소중한 것이라는 걸 알고 있나요? 겪어보지 않으면 잘 몰라요. 엄마 아빠와 같이 있는 게 너무 당연해서 가끔은 귀찮을 때도 있을 거예요. 하지만 하룻밤만 엄마 아빠와 떨어져 있어도 엄청 보고 싶을 걸요. 오늘은 엄마 아빠께 정말 보고 싶었고, 사랑한다고 말해보면 어떨까요?

miss 놓치다, 그리워하다

I'll miss the bus.
버스를 놓칠 것 같아.

For here or to go?

먹고 가나요, 포장해 가나요?

쌤은 햄버거를 정말 좋아해요. 패스트푸드를 많이 먹으면 건강에 좋지 않지만, 맛있잖아요. 햄버거 가게에 가서 메뉴를 주문하면 이렇게 물어본답니다. "For here or to go?" 먹고 갈 때는 "For here, please." 포장해서 가져갈 때는 "To go, please."라고 대답해 주세요.

오늘의 단어

here 여기
go 가다

응용 표현

Can I have a to-go box?
남은 음식 포장할 용기를 받을 수 있을까요?

February

2월

It's not worth it.

그럴만한 가치가 없어.

지훈이는 누나와 함께 강아지를 산책시키고 있었어요. 그런데 지나가던 사람이 개를 싫어하는지 나쁜 말을 뱉었어요. 지훈이와 누나, 강아지는 아무 잘못도 안 했는데 말이죠. 화가 난 지훈이는 똑같이 날카로운 말로 되갚아 주고 싶었지만, 옆에 있던 누나가 말했어요. 무시해 지훈아, 저런 사람과 괜히 싸울 필요 없어. "It's not worth it."

 오늘의 단어

worth ~의 가치가 있는

 응용 표현

It's worth it.
충분히 그럴만한 가치가 있어.

1st

Doing okay?

잘 돼가요?

새해가 되고 벌써 한 달이 지났어요. 다들 새해가 되며 다짐했던 목표와 계획은 잘 지키고 있나요? 잘 지키지 못했다고요? 그럴 수 있어요! 오늘부터 다시 시작하면 돼요. 지난달에 배운 'Better late than nothing.' 이 문장을 기억하고 있나요? 늦더라도 일단 시작하는 게 중요해요.

오늘의
단어

do 하다

응용
표현

I'm doing good.
난 잘하고 있어.

Love is putting someone else's needs before yours.

-Olaf, ⟨Frozen⟩

사랑이란 너보다 다른 사람을 먼저 생각하는 거야.

- 올라프, ⟨겨울 왕국⟩

2nd

Just in case.

혹시 모르니까.

어떻게 될지 아무도 모르는 거니까 만약을 대비하자고 할 때 써요. 보통 엄마가 자주 하시는 말일 거예요. '지원아, 우산 챙겨가. just in case.' 이렇게요. 엄마는 이것저것 챙기라고 하셔서 귀찮은데, 막상 챙겨주신 것이 필요할 때가 많단 말이죠? 신기하고 감사할 따름이에요.

오늘의 단어

just 딱, 그저
in ~안에

응용 표현

Just do it.
(고민 말고) 그냥 실행해.

이번 주에 배운 표현을 복습해 볼까요?

☐ You're supposed to finish this. 너 이거 끝내야 해.

☐ Just because. 그냥.

☐ I'm done. 다 했어요.

☐ Why don't we eat out? 외식하는 게 어때요?

☐ Take care. 잘 지내.

이번 주에 배운 표현을 복습해 볼까요?

☐ Can I help you? 제가 도와드릴까요?

☐ Excuse me. 실례합니다.

☐ I miss you. 보고 싶어요.

☐ Doing okay? 잘 돼가요?

☐ Just in case. 혹시 모르니까.

Take care.

잘 지내.

쌤은 명절에 가족들이 모두 모이면 그렇게 신날 수가 없었어요. 하지만 만남이 있으면 이별이 있는 법. 헤어짐은 왜 항상 슬플까요? 다음에 또 만날 거라는 걸 아는데도 말이죠. 모였던 친척들이 흩어질 때 '잘 지내. 다음 만날 때까지 건강해!'라는 말은 영어로 이렇게 하면 돼요. "Take care!"

오늘의
단어

take 가져가다, 잡다
care 보살핌

응용
표현

Please take care of my dog while I'm gone.
내가 없는 동안 내 강아지를 보살펴 줘.

Two heads are better than one.

백지장도 맞들면 낫다.

Why don't we eat out?

외식하는 게 어때요?

여러분은 밥을 집에서 먹는 것을 좋아하나요? 아니면 식당에서 외식하는 것을 좋아하나요? 지금은 엄마가 해주신 밥이 정말 소중하지만, 어릴 때는 가끔 하는 외식이 특별하게 느껴졌어요. 외식이 하고 싶을 때는 이렇게 말해볼까요? "Why don't we eat out?"

오늘의 단어

eat 먹다
out 바깥의

응용 표현

We ate out on Thanksgiving this year.
올해 추수감사절에는 외식을 했어.

I'm coming.

갑니다.

갑니다~ 가고 있어요~ 이런 뜻으로 쓰는 표현이에요. 근데 좀 특이하죠?
come은 '오다'라는 뜻인데, 해석이 '갑니다'라니요. 이건 친절하게 상대방의
입장에서 말해서 그런 거예요. 상대방이 보기에는 내가 오고 있는 거니까요.

오늘의
단어

come 오다

응용
표현

He'll come back.
그는 돌아올 거야.

I'm done.

다 했어요.

학교에서 만들기 활동을 하면 친구들마다 끝내는 속도가 모두 다르죠? 먼저 끝내도 조용히 친구들을 기다려줘야 할 때도 있지만, 다 했다는 것을 알려야 할 때도 있어요. 그럴 때 'I'm finish'를 쓰는 경우가 있는데 그건 잘못된 표현이에요. 일을 끝냈다는 게 아니라 인생이 끝나버리는 듯한 암울한 표현에 문법에도 맞지 않거든요. 꼭 finish 단어를 쓰고 싶다면 'I'm finished'라고 하기!

오늘의 단어

do 하다
done 완료된

응용 표현

The turkey is done.
칠면조 요리가 다 됐어.

6th

Good to see you.

만나서 반가워.

만나서 반갑다고 말할 때 'Nice to meet you'가 생각나는 사람, 손을 들어볼까요? 지원쌤이 영어 교과서에서 제일 먼저 배운 표현이었어요. 물론 맞는 표현이지만, 여러 사람에게 반갑다고 인사를 해야 할 때는 다양한 인사를 건네는 게 더 멋있어 보이겠죠? 그러니까 외워두자고요!

 오늘의 단어

see 보다
to ~에, ~해서

 응용 표현

Nice to meet you.
만나서 반가워.

Just because.

그냥.

"아악~ 몰라요. 그냥요." 쌤이 여러분과 대화하다 보면 정말 많이 듣는 대답이
에요. 가끔 정말 아무런 이유가 없을 때도 있죠. 또는 이유가 있어도 설명하고
싶지 않을 때가 있어요. 하지만 여러분 잘 생각해 보면 반드시 이유가 있답니
다. '그냥'이라고 습관적으로 말하는 대신 생각의 이유를 찾아보면 좋겠어요.

오늘의
단어

just 단지
because 왜냐하면

응용
표현

I have no reason.
이유가 없어.

Will you join us for lunch?

우리랑 점심 같이 먹을래?

지원쌤은 전학을 자주 다녔어요. 초등학교를 무려 네 곳이나 다녔답니다. 그러다 보니 새로운 학교에 갈 때마다 친구를 사귀는 게 일이었어요. 점심을 혼자먹고 싶지 않았거든요. 그때 '점심 같이 먹자.'고 말해주는 친구들이 정말 고마웠어요. 여러분도 학교가 낯설 친구에게 먼저 손을 내밀어보면 어떨까요?

 오늘의 단어

will ~할 것이다
join 함께하다

응용 표현

I'll join you later.
나는 이따가 갈게.

You're supposed to finish this.

너 이거 끝내야 해.

be supposed to 하면 '~하기로 짐작되다'라는 뜻인데요. 당연히 그럴 것으로 짐작된다는 뜻이에요. 각자 접시에 담긴 음식은 다 먹기로 약속했는데 동생이 음식을 남기고선 TV 앞으로 가네요. 동생을 불러 말합니다. "You're supposed to finish this."

오늘의 단어

suppose 가정하다, 짐작하다
supposed to 해야 하는
finish 끝내다

응용 표현

I was supposed to be there.
원래는 내가 갔어야 해.

8th

It's freezing.

진짜 춥네.

'날씨가 춥네.'라고 하면 'It's cold.'가 떠오를 거예요. 맞아요. 근데 진짜 진짜 추운 날 있죠? 엄마가 장갑에 목도리까지 꼭꼭 하고 나가라고 챙겨주시고 롱 패딩을 입어도 추운 그런 날씨! 밖에서 스마트폰을 하고 있으면 손가락에 감각 없어지는 그런 날요. 그럴 때는 외쳐주세요. 얼어붙겠다, 얼어붙겠어. "It's freezing!"

It's (날씨가) ~이다
freezing 꽁꽁 얼어붙은, 영하의

I'm freezing.
나 추워 죽겠어.

All it takes is faith and trust.

- Peter Pan, 〈Peter Pan〉

믿음과 신뢰만 있으면 모든 게 다 가능해.

- 피터팬, 〈피터팬〉

Why the long face?

왜 그렇게 울상이야?

지금 거울 앞으로 가서 속상하고 시무룩한 표정을 지어보세요. 입꼬리가 축 처지죠? 입꼬리가 처지는 만큼 턱이 내려가고 얼굴이 실제로 길어집니다. 세상에! 진짜로 우울하면 긴 얼굴(long face)이 되네요!

 오늘의 단어

why 왜
face 얼굴

 응용 표현

Why are you crying?
왜 울고 있어?

☐ Scoot over, please. 좀 당겨 앉아줄래?

☐ Wanna trade? 맞교환할래?

☐ Does it ring a bell? 기억나?

☐ He cheated! 쟤가 속임수 썼어!

☐ I can do it myself. 내가 스스로 할 수 있어.

이번 주에 배운 표현을 복습해 볼까요?

☐ I'm coming. 갑니다.

☐ Good to see you. 만나서 반가워.

☐ Will you join us for lunch? 우리랑 점심 같이 먹을래?

☐ It's freezing. 진짜 춥네.

☐ Why the long face? 왜 그렇게 울상이야?

I can do it myself.

내가 스스로 할 수 있어.

여러분은 다른 사람의 도움에 많이 의지하는 편인가요, 아니면 뭐든 스스로 하는 편인가요? 도움을 받는 것이 나쁜 일은 아니지만 어려운 일에 도전해서 스스로 해내고 나면 뭐든지 할 수 있을 것 같은 자신감이 생긴답니다! 조금 어려운 일을 만나더라도 먼저 자신에게 말해주세요! "I can do it myself."

오늘의 단어

can 할 수 있다
do 하다
myself 나 자신

응용 표현

Can you do it yourself?
너 스스로 할 수 있니?

If you can't beat them, join them.

이길 수 없다면 그들과 손을 잡아라.

He cheated!

쟤가 속임수 썼어!

가끔 속임수를 써서라도 좋은 결과를 받고자 하는 사람들이 있지요? 시험을 치르면서 커닝을 하거나 게임 규칙에 어긋나게 반칙하거나 말이에요. 그럴 때 외쳐요. "He(She) cheated!" 우리가 흔히 쓰는 커닝이라는 표현은 cunning(교활한)이라는 단어에서 왔어요. 우리는 속임수 없이 정정당당하게 실력으로 이겨보자고요!

 오늘의 단어

cheat 속이다, 사기를 치다

 응용 표현

No cheating.
커닝하지 마.

My mom is making dinner.

엄마가 저녁을 차리시는 중이야.

달그락 달그락, 치익 치익. 부엌에서 들리는 경쾌한 소리, 그리고 맛있는 냄새. 오늘 메뉴는 뭘까 기대되는 순간이죠. 엄마가 부르시네요. '다 됐다~ 와서 숟가락 놔.' 어라? 왜 식탁에 아무것도 없죠? 엄마는 매번 이런 식이셔요! 하나도 안 됐는데 부르셨네요?

오늘의 단어

mom 엄마
make 만들다

응용 표현

He made a watch.
그는 손목시계를 만들었어.

Does it ring a bell?

기억나?

지은이가 엄마한테 어렸을 때 얘기를 들려달라고 졸랐더니 놀라운 얘기를 해주셨어요. "네가 아주 어렸을 때, 개울가에서 올챙이를 데려와 개구리로 키워준 적이 있어." 지은이는 하나도 기억이 안 나는데 말이죠. 그럴 리 없다고 말하자 개구리의 이름이 쪼롱이였다고 알려주셨답니다. 이름을 들으니 어렴풋이 기억이 나는 것 같기도 하고요.

오늘의 단어

ring (벨이) 울리다
bell 종

응용 표현

It doesn't ring a bell.
전혀 기억이 안 나요.

I'm trying my best.

나는 최선을 다하고 있어.

유리는 속상해요. 수업도 잘 듣고 문제집도 열심히 풀면서 단원 평가를 준비
했는데 세 문제를 틀렸거든요. 안 그래도 속상한데 엄마의 잔소리가 들려요.
유리는 외칩니다. "I'm doing my best. I'm trying my best!"

오늘의
단어

try 시도하다
best 최선, 최고

응용
표현

I'm doing the best I can.
난 내가 할 수 있는 최선을 다 하고 있는 거야.

Wanna trade?

맞교환할래?

쌤이 초등학생이었을 때 담임 선생님께서 우리가 칭찬받을 만한 일을 할 때마다 스티커를 주셨어요. 그 스티커를 모두 모으면 쿠폰을 뽑을 수 있었는데요. 스티커를 다 채운 날 쌤은 청소면제권을, 쌤 친구는 급식우선권을 뽑았어요. 그 친구는 청소가 하기 싫었고, 쌤은 급식 먹는 시간이 가장 행복했기에 제가 물었죠. "Want to trade?"

오늘의 단어

wanna(want to 의 줄임) ~하기를 원하다
trade 거래하다, 교환하다

응용 표현

Wanna talk?
이야기하고 싶니?

I'm getting flowers for my mom.

나는 엄마를 위해 꽃을 사고 있어.

2월 14일은 발렌타인데이죠. 서양에서는 여성이 사랑하는 남성에게 초콜릿을 주는 풍습이 있어요. 오늘 같은 날에 엄마 아빠를 위해 예쁜 꽃 한 송이 사서 드리는 건 어때요? 초콜릿보다 훨씬 좋아하실 거에요. 혹시 알아요? 꽃 한 송이가 더 큰 선물로 돌아올지도 몰라요.

 오늘의
단어

get 얻다, 사다
flower 꽃

 응용
표현

I'm getting married next week.
나 다음 주에 결혼해.

Scoot over, please.

좀 당겨 앉아줄래?

오늘은 학년 음악회가 있는 날이에요. 친구들이 열심히 준비한 공연을 보려니 설레는데요! 한 학년이 모두 강당에 앉아있으니 넓게만 보였던 강당이 꽉 차네요. 한 줄에 25명의 반 친구들이 다 앉아야 하는데 자리가 조금 좁아요. 먼저 앉은 친구들이 너무 간격을 많이 띄웠잖아! "Scoot over, please."

 오늘의 단어 scoot over 자리를 좁혀 앉다

 응용 표현

Do you want me to scoot over?
당겨 앉아줄까요? (여기에 앉을래요?)

Now you're talking.

이제야 좀 말이 통하네.

부먹, 찍먹, 민초단, 반민초단 이런 이야기를 들어본 적이 있나요? 서로 의견이
맞지 않다가 딱 통했을 때 쓸 수 있는 말이에요.

A: 아, 역시 초콜릿은 민트맛이 최고야!

B: 뭔 소리야. 민트 초콜릿은 맛이 이상해.

A: 어? 아닌데? 너 민트 초콜릿 아이스크림도 별로야?

B: 아이스크림은 좋아해.

A: Now you're talking. 이제야 좀 말이 통하네!

**오늘의
단어**

now 지금

talk 말하다

**응용
표현**

Let's talk about it.
그것에 대해 이야기해 보자.

The problem is not the problem.
The problem is your attitude about the problem.

- Jack Sparrow, 〈Pirates of the Caribbean〉

문제 자체는 문제가 아니야.

진짜 문제는 그 문제를 대하는 너의 태도지.

- 잭 스패로우, 〈캐리비안의 해적〉

I'm puzzled.

혼란스러워.

여러분 퍼즐을 맞춰본 적 있나요? 지원쌤은 천 개의 조각으로 된 퍼즐을 맞춰 봤답니다. 영어로는 혼란스럽다고 할 때 퍼즐이라는 단어를 쓰는데요. 처음 퍼즐을 맞추려고 조각 하나를 꺼내들면 혼란스러운 기분이 들잖아요. 딱 그 느낌 이랍니다! 그래서 퍼즐이라는 단어가 쓰였다고 생각하면 기억하기 쉽겠죠?

오늘의
단어

am ~이다(be동사)
puzzled 혼란스러운

응용
표현

I'm shocked.
충격받았어.

이번 주에 배운 표현을 복습해 볼까요?

☐ What's on the menu today? 오늘 메뉴는 뭐야?

☐ Get in line. 줄 똑바로 서.

☐ I came first. 내가 먼저 왔어.

☐ My bad. 내 잘못이야.

☐ I love your outfit. 옷 진짜 잘 어울린다.

이번 주에 배운 표현을 복습해 볼까요?

☐ My mom is making dinner. 엄마가 저녁을 차리시는 중이야.

☐ I'm trying my best. 나는 최선을 다하고 있어.

☐ I'm getting flowers for my mom.

　나는 엄마를 위해 꽃을 사고 있어.

☐ Now you're talking. 이제야 좀 말이 통하네.

☐ I'm puzzled. 혼란스러워.

I love your outfit.

옷 진짜 잘 어울린다.

소셜미디어에서 원어민 친구들이 서로 칭찬할 때 진짜 자주 쓰는 말이에요. 친구들도 외국인 친구가 생겼을 때 이런 댓글을 달아주면 정말 좋아할 거예요. 얼마 전에 쌤의 SNS에 친구가 이렇게 댓글을 달아주었을 때 정말 기뻤답니다.

 오늘의 단어

love 정말 좋아하다
outfit 옷

 응용 표현

You look very stylish.
스타일이 되게 좋아 보여요.

Honesty is the best policy.

- Benjamin Franklin

정직이 가장 좋은 해결책이다.

- 벤자민 프랭클린

My bad.

내 잘못이야.

지원쌤은 어렸을 때 덤벙대곤 해서 주변의 물건을 툭 쳐서 떨어뜨리거나 다른 사람과 부딪히는 실수를 많이 했는데요. 한 번은 걷다가 혼자 발에 걸려 넘어져 손에 들고 있던 물을 친구의 책상에 쏟았어요. 얼마나 미안하던지요. "My bad. 내가 다 닦을게. 책도 새로 사줄게. 너무 미안해. 친구야."

오늘의 단어   my 나의

응용 표현   **It's my fault.**
그건 내 탓이야. (조금 더 진지하게)

19th

Don't bother.

신경 쓰지 마.

새 학기, 새로 사귄 친구 집에 놀러 가기로 했어요. 처음 가는 친구 집인데, 무엇을 선물하는 좋을까요? 고민하다가 물어보니 친구는 이렇게 말하네요. "Don't bother. 신경 쓰지 마." 그냥 오라고 하네요. 그래도 친구 집에 놀러 갈 때는 작은 선물 하나를 챙겨가면 친구가 감동하겠죠?

오늘의
단어

don't ~않다
bother 괴롭히다, 신경 쓰다

응용
표현

Don't touch.
건드리지 마.

8th

I came first.

내가 먼저 왔어.

선생님이 "선착순 줄 서기!"라고 외치셨어요. 재빨리 줄을 섰는데 거의 동시에 온 친구가 날 슬쩍 밀어내려 하네요. 분명 내가 먼저 온 것 같은데? 'I came first!' 이 표현은 꼭 첫 번째가 아니라 '지금 있는 사람 중에서 가장 먼저'를 뜻할 때도 쓴답니다.

오늘의 단어

first 첫 번째의

응용 표현

You go first.
너 먼저 해.

20th

Let's make
a snowman.

눈사람 만들자.

여러분은 눈사람 만들어본 적이 있나요? 쌤은 눈이 오면 밖에 나가 눈사람을 만드는 걸 좋아했어요. 주먹 크기로 작게 뭉친 눈을 아래 위로 쌓고 나뭇가지로 팔도 만들어주고요. 어른들한테 들키면 다 치워버리셔서 열심히 뛰어다녔던 기억도 나네요.

오늘의
단어

make 만들다
snowman 눈사람

응용
표현

Let's make plans.
계획을 세우자.

Get in line.

줄 똑바로 서.

드디어 기다리고 기다리던 점심시간! 급식을 받기 위해 줄을 섭니다. 그런데 맛있는 냄새에 흥분한 몇몇 친구들이 장난치며 줄을 벗어나 앞을 기웃거렸어요. 뜨거운 음식을 앞에 두고, 질서가 흐트러지면 위험할 수 있는데 말이죠. 선생님이 외치십니다. "Get in line!"

 오늘의 단어

get 얻다, 구하다, 마련하다
in line 일직선의

 응용 표현

Put them in line.
가지런히 둬.

Can I get a ride?

저 좀 태워주실 수 있어요?

앗, 학원 셔틀버스 시간 직전까지 숙제를 하고 단어를 외우다가 결국 버스를 놓치고 말았어요. 걸어가면 지각할 텐데 어쩌나 발을 동동 구르고 있으니 아빠가 다가오셨어요. 맞다! 오늘은 아빠가 쉬는 날이지! 휴 너무 다행이에요. 아빠를 보며 간절하게 물어봅니다. 저 좀 태워주실 수 있어요? "Can I get a ride?"

**오늘의
단어**

can 할 수 있다
ride 타다, 타고 가기

**응용
표현**

I can ride a bike.
난 자전거 탈 줄 알아.

What's on the menu today?

오늘 메뉴는 뭐야?

여러분은 학교에서 가장 좋아하는 시간이 언제인가요? 지원쌤은 점심시간이었어요! 2교시가 끝나면 배가 고팠거든요. 가장 좋아하는 점심시간을 위해 그날의 시간표는 깜박해도 급식 메뉴는 외우고 다녔던 기억이 나요. 맛있는 메뉴엔 미리 형광펜도 쫙 그어놓고요.

오늘의
단어

menu 메뉴
today 오늘

응용
표현

Today's menu **is spaghetti bolognese.**
오늘의 메뉴는 볼로네제 스파게티야.

22nd

How was your day?

오늘 하루 어땠어?

엄마가 거의 매일 물어보시는 질문이죠. 학교 다녀와서나 밤에 자기 전에요. 질문은 짧은데 대답할 건 참 많아요. 그죠? 가끔은 귀찮겠지만 엄마 아빠는 그 시간을 통해서 여러분의 세상을 보고 있으니, 즐겁게 이야기해 주세요. 엄마 아빠의 하루도 물어봐주면 더 좋고요.

오늘의 단어

how 어떻게
was ~였다(be동사 과거)

응용 표현

How was your weekend?
주말에 어땠어?

The past can hurt.
But you can either run
from it or learn from it.

- Rafiki, 〈Lion King〉

과거의 실수가 마음 아플 수 있어.
하지만 과거로부터 도망갈 수도 있고,
아니면 과거로부터 배울 수도 있지.

- 라피키, 〈라이온킹〉

Time flies.

시간 진짜 빠르다.

벌써 1월이 다 지나고 2월도 시간이 훌쩍 가고 있네요. 시간이 날아가는 것처럼 빠르네요. 영어로 '시간 참 빠르다'라고 말할 때는 'fly'를 써요. 친구들도 이런 생각을 해봤나요? '시간에 날개가 달렸나? 왜 이렇게 빨리 가지?' 이런 생각은 동서양 다 똑같은가 봐요.

오늘의 단어

fly 날다

응용 표현

It's late. I must fly!
늦었어. 나 빨리(날 듯이) 가야겠어!

이번 주에 배운 표현을 복습해 볼까요?

- [ ] I'm stuck. 저 지금 막혔어요.

- [ ] Go straight ahead. 이대로 쭉 가시면 돼요.

- [ ] You're bothering me. 네가 날 괴롭히고 있어.

- [ ] Leave me alone. 날 내버려 둬.

- [ ] Don't tell on me. 날 고자질하지 마.

이번 주에 배운 표현을 복습해 볼까요?

☐ Don't bother. 신경 쓰지 마.

☐ Let's make a snowman. 눈사람 만들자.

☐ Can I get a ride? 저 좀 태워주실 수 있어요?

☐ How was your day? 오늘 하루 어땠어?

☐ Time flies. 시간 진짜 빠르다.

Don't tell on me.

날 고자질하지 마.

어렸을 때 동생이 쌤이랑 다투다가 불리해지면 꼭 엄마한테 조르르 달려가서 자기한테 유리하게 고자질을 했었어요. 어우~ 어찌나 얄밉던지! 그래서 화해할 때마다 약속받았죠. "Don't tell on me. 알았지?" 그런데 엄마는 이미 우리의 다툼에 대해 다 알고 계셨지 뭐예요!

오늘의 단어

tell 말하다, 알리다
tell on 윗사람에게 보고하다, 고자질하다

응용 표현

I won't tell on you.
내가 너를 이르지 않을게.

Knowledge is power.

- Francis Bacon

아는 것이 힘이다.

- 프랜시스 베이컨

Leave me alone.

날 내버려 둬.

혹시 bully라는 말 들어봤나요? 학교에서 못되게 구는 애들 있죠? 자기보다 약한 사람을 괴롭히는 비겁한 친구들. 친구를 괴롭히는 나쁜 행동이 bully예요. 누군가 나를 괴롭힌다면 이렇게 말해요. "Leave me alone!" 그렇게 말해도 해결되지 않을 때는 꼭 주변의 어른들께 도움을 요청하는 것 잊지 말고요!

오늘의 단어

leave 떠나다, 남기다, 놓아두다
alone 혼자

응용 표현

I was left alone.
난 혼자 남겨졌어.

Gotcha!

알았어!

I got it. I caught it. 이 두 문장을 합쳐서 기억하면 더 좋아요. '이해했어. 잡았어!' 포켓몬스터 게임을 좋아하는 친구들이라면 더더욱 gotcha를 자주 봤을 거예요. 포켓몬 잡거나 뭔가를 이해했을 때마다 나왔을 테니까요. 이 말은 최근 원어민 사용빈도 1~2위를 다투는 표현이기도 해요.

오늘의
단어

get 이해하다, 알다
catch 잡다

응용
표현

I didn't catch you.
네 말을 이해하지 못했어.

You're bothering me.

네가 날 괴롭히고 있어.

굉장히 집중해서 숙제를 하거나 시험을 준비할 때 예민해지고는 하죠. 쌤이 방에서 한참 집중하고 있는데 거실에서 동생이 계속 공을 튕기며 노는 거예요. 그 소리가 너무 거슬려서 동생에게 말했어요. 밖에 나가서 하거나 다른 놀이 하면 안 될까? "You're bothering me!"

오늘의
단어

bother 괴롭히다, 방해하다

응용
표현

It bothers me.
좀 신경 쓰여.

27th

I'm on my way.

가고 있어.

오늘 친구랑 11시에 만나기로 약속을 했어요. 새로 개봉한 영화도 보고, 사진도 찍고, 맛있는 음식도 사먹으려고 했는데 늦잠을 잤지 뭐예요! 급하게 연락을 남겼어요. '늦잠을 자서 미안해! 지금 가고 있어. I'm on my way.'

오늘의 단어

on one's way 가는 길이다

응용 표현

I'm on my way home.
집에 가는 길이야.

Nobember

11월

Let me introduce myself.

날 소개할게.

벌써 개학이 코앞이에요. 개학하면 가장 먼저 맞닥뜨릴 일은 바로 새 학년 새로운 반에서 할 자기소개가 아닐까요. 원어민 친구들은 자기소개를 시작할 때 이 문장을 가장 많이 써요. 우리도 연습해 볼까요?

 오늘의 단어
　　let ~하게 하다, 허락하다
　　introduce 소개하다

응용 표현
　　Let me help you.
　　내가 너를 도와줄게.

Go straight ahead.

이대로 쭉 가시면 돼요.

경복궁 앞에서 어떤 외국인이 길을 물어봤어요. 그동안 열심히 영어 공부를 했으니까 길 정도는 쉽게 대답할 수 있죠? '찾으시는 곳은 이 길을 따라서 쭉 가시면 돼요. Go straight ahead.'

오늘의 단어

straight 똑바로
ahead 앞으로

응용 표현

It's on your left.
왼쪽에 보일 거예요.

March

3월

30th

I'm stuck.

저 지금 막혔어요.

스티커 좋아하는 친구들, 손을 들어볼까요? 스티커(sticker)의 stick이 '달라붙다', '끈적이다'라는 뜻이에요. 그 변형인 stuck은 '달라붙은'이라는 뜻이에요. 달라붙으면 움직일 수 없겠죠? 끈적이는 것이 달라붙은 것처럼 꼼짝할 수 없을 때, 'I'm stuck.'이라고 해요. 실제로 몸이 움직일 수 없을 때도 쓰고, 문제를 풀거나 생각을 하다가 막혀서 더 이상 진전이 없을 때도 쓴답니다.

오늘의
단어

stuck 움직일 수 없는, 갇힌, 막힌

응용
표현

It's stuck!
붙어버렸어. 끼었어.

Rise and shine

좋은 아침~! 일어나렴.

미국에 사는 친구를 아침에 엄마가 노래로 깨우는 모습을 상상해 보세요. '일어나서 반짝반짝 빛나렴.' 이런 느낌의 아침 인사에요. 물론 미국 친구들도 다 똑같아요. 아침에 안 일어납니다. 그래서 실제로는 엄마의 크고 우렁찬 목소리에 깜짝 놀라 일어난다고 해요. 부모님께 내일은 이 문장으로 깨워달라고 말해볼까요? 대신 한 번에 잘 일어나는 건 여러분의 몫이니 오늘은 일찍 잠자리에 들어요.

 오늘의 단어
rise 뜨다, 일어나다
shine 빛나다

응용 표현
Wake up!
일어나!

마음에 힘을 더하는 한 마디

In the middle of difficulty lies opportunity.

- Albert Einstein

어려움 가운데 기회가 숨어있다.

- 알버트 에디슨

What's your name?
네 이름은 뭐야?

두근두근한 새 학년 새 학기 첫 등교 날이에요. 우리가 오늘 가장 많이 하게
될 말은 무엇일까요? 바로 'What's your name?'입니다. 이름을 알아야 친해
질 수 있잖아요. 오늘 새 친구 이름 5개 외우기를 목표로 가보자고요! 친구들
힘내요! 지원쌤이 응원해요!

오늘의 단어

what 무엇
is 이다(be 동사의 현재형)

응용 표현

What's **your** MBTI?
너의 MBTI가 뭐야?

이번 주에 배운 표현을 복습해 볼까요?

☐ That's it for today. 오늘은 이걸로 끝.

☐ Pardon? 다시 말해줄래?

☐ I'll catch you later. 다음에 또 보자, 안녕.

☐ Congratulations! 축하해요!

☐ Take an umbrella. 우산 챙겨가.

이번 주에 배운 표현을 복습해 볼까요?

☐ Gotcha! 알았어!

☐ I'm on my way. 가고 있어.

☐ Let me introduce myself. 날 소개할게.

☐ Rise and shine 좋은 아침~! 일어나~

☐ What's your name? 네 이름은 뭐야?

Take an umbrella.

우산 챙겨가.

우리 할머니 무릎은 기상청보다 정확해요. 할머니가 '무릎이 콕콕 쑤신다. 비오려나 보다.' 하면 어김없이 비가 오거든요. 그럼 꼭 우산을 챙겨가라고 덧붙이세요. 할머니의 무릎 예보 덕분에 우산을 챙겨 나왔는데 정말로 비가 오네요!

umbrella 우산

Take your coat with you.
코트 챙겨가.

Empty vessels make the most noise.

빈 수레가 요란하다.

Congratulations!

축하해요!

축하한다는 말은 생각보다 정말 자주 써요. 생일, 시험 잘 본 것, 1등 한 것 모두 축하할 일이잖아요. 어른들께도 축하를 전할 일이 있을 거고요. 아참! 꼭 congratulations 하고 뒤에 s까지 붙여주세요.

오늘의 단어

congratulate 축하하다

응용 표현

Congratulations on your marriage!
결혼 축하드려요.

5th

Let's be friends.

우리 친구 하자.

새 학기가 시작되고 짝이 생겼어요. 이름이 지민이래요. 지민이랑 얼른 친해지고 싶어요. 쭈뼛쭈뼛하다가 좋아하는 연예인을 물어봤거든요? 세상에 좋아하는 연예인이 똑같네요! 우와! 우리 친구 하자!

 오늘의 단어

Let's ~하자
friend 친구

응용 표현

Let's **go shopping.**
쇼핑하러 가자.

I'll catch you later.

다음에 또 보자, 안녕.

친구끼리 헤어질 때 bye bye 하고 인사하죠? 하지만 그건 너무 식상하고 뻔해요. 우리 친구들은 더 특별하게 원어민이 사용하는 표현으로 인사해 보자고요. 친구들이 그게 무슨 말이냐고 물어보면 이야기해 주세요. "응? 이거? 헤어질 때 인사야." 하고요.

오늘의 단어

'll will의 축약형 (~할 것이다)
catch 따라잡다

응용 표현

See you later.
다음에 또 봐.

Do you have any hobbies?

네 취미는 뭐야?

하굣길에 지민이랑 집에 같이 가기로 했어요. 좋아하는 연예인이 똑같아서 말이 잘 통하는데 취미도 비슷하면 좋겠어요! 한 번 이야기해 볼까요? '지민아, 취미가 뭐야? 내 취미는 춤추기야! 얼마 전에 춤을 새로 배웠는데 같이 해볼래?' 하고요.

오늘의 단어

hobby 취미
your 너의

응용 표현

What do you do in your free time?
넌 쉴 때 뭐 해?

Pardon?

다시 말해줄래?

영어를 배우고 있는 단계일 때 아주 유용한 표현이에요. 영어가 익숙해지면 차차 나아지겠지만, 처음에는 여러 번 들어야 이해가 될 거예요. 원어민들이 너무 빨리 말해서 혹은 말을 알아듣는데 시간이 걸리니까요. 그럴 때 한 번 말해볼까요? "Pardon? 다시 말해줄래?"

pardon? 뭐라고?, 다시 말해줄래?

I beg your pardon?
죄송한데, 다시 말해주시겠어요?

How old are you?

몇 살이야?

같은 학년이어도 다른 답이 나올 수 있어요. 만 나이를 사용하기 때문인데요.
'나 다음 주면 10살이 돼.' '나 9살 막 됐어.' 이렇게 말하는 거예요. 신기하죠?
여러분은 3월 7일 오늘, 몇 살인가요?

오늘의
단어

old 나이 든

응용
표현

I'm 10 years old.
난 10살이야.

That's it for today.

오늘은 이걸로 끝.

대화를 종료할 때, 수업을 마무리할 때, 엄마가 간식을 주시고는 덧붙이는 말이 바로 이거에요. '오늘은 이걸로 끝!' 사실 이 말을 들을 때 가장 반가운 건 선생님이 수업을 5분 일찍 끝내주시면서 하실 때에요. 그렇죠?

오늘의 단어

today 오늘

응용 표현

Let's call it a day.
오늘은 여기까지 합시다.

She has curly hair.

그녀는 곱슬머리야.

지원쌤은 청개구리인가 봐요. 분명 초등학교 다닐 때는 예쁜 웨이브 머리를 정말 하고 싶었거든요? 쌤이 학교에 다닐 때는 파마나 염색을 교칙으로 금지 해서 못했지만요. 근데 어른이 되고는 생머리가 좋아요. 참 이상해요!

she 그녀
have 가지다

He has brown eyes.
그는 갈색 눈을 가졌어.

Success is not final, failure is not fatal: It is the courage to continue that counts.

- Winston Churchill

성공은 영원하지 않고, 실패는 치명적이지 않다.
계속하는 용기가 중요하다.

- 윈스턴 처칠

9th

I need time to myself.

나만의 시간이 필요해.

혼자 있을 시간이 필요하다는 표현이에요. 내향적인 성향을 가진 친구들이 공감할만한 문장이죠. 하지만 누구에게나 스스로를 위한 시간은 꼭 필요하답니다. 오늘은 혼자 조용히 쉬고, 힐링하고, 생각을 정리하고, 미래를 그려보는 시간을 가져보세요.

오늘의 단어

need 필요로 하다
myself 나 스스로

응용 표현

I need some me time.
나 혼자만의 시간이 좀 필요해.

☐ Zip up your bag. 가방 잠가.

☐ Power through. 힘을 내!

☐ I don't know what to do.
   무엇을 해야 할지 모르겠어.

☐ If I were you, I wouldn't do so.
   내가 너라면, 난 그렇게 안 할 텐데.

☐ Thanks for your help. 도와줘서 고마워.

이번 주에 배운 표현을 복습해 볼까요?

□ Let's be friends. 우리 친구 하자.

□ Do you have any hobbies? 네 취미는 뭐야?

□ How old are you? 몇 살이야?

□ She has curly hair. 그녀는 곱슬머리야.

□ I need time to myself. 나만의 시간이 필요해.

Thanks for your help.

도와줘서 고마워.

thank you 혹은 thanks 뒤에 for을 써서 구체적으로 무엇 때문에 고마운지 나타낼 수 있어요. for 뒤에 your help가 왔다면 '네 도움' 때문에 고마워라는 의미가 되겠죠? 고마움을 표현하는 일은 구체적일수록 좋으니까 자주 연습해보아요.

오늘의 단어

for ~ 때문에, ~해서
help 도움

응용 표현

Thanks for your advice.
조언해줘서 고마워.

Don't watch the clock; do what it does. Keep going.

- Sam Levenson

시계를 보지 말고 해야 할 것을 해라. 계속하면 된다.

- 샘 레빈슨

If I were you,
I wouldn't do so.

내가 너라면, 난 그렇게 안 할 텐데.

신기하게 생긴 문장이죠? I 다음에 was가 아니라 were을 쓸 리가 없는데 말이죠. 이건 이 문장 자체가 '불가능한 일'을 가정하고 있어서 그래요. 생각 해봐요. 현실에서 하루아침에 내(I)가 너(you)가 될 가능성이 있나요? 없죠. 이럴 때는 was대신 보통 were을 쓴답니다. '불가능한 가정인 건 나도 아는 데~ 들어봐~'라는 말이라고 생각하면 된답니다.

if 만약
would ~일 것이다
so 그렇게

If I were you, I'd wanna be me, too.
내가 너여도 나처럼 되고 싶겠다.

12th

Thank God.

다행이다.

사실 위 문장을 그대로 해석하면 '신께 감사하다.'예요. 근데 왜 '다행이다'로 해석하냐고요? 주로 상대방이 재채기나 기침을 했을 때 해주는 말이기 때문이죠! 재채기의 순간 아주 잠깐 숨이 멈췄다가 다시 숨을 쉬게 되잖아요. 다시 숨을 쉬게 되어 다행이라는 맥락으로 쓰기 시작했다는 이야기가 있어요.

 오늘의 단어

God 신
bless 축복하다

 응용 표현

Oh my God!
세상에!

I don't know
what to do.

무엇을 해야 할지 모르겠어.

뭐부터 시작해야 할지, 뭘 어떻게 해야 할지 모르겠는 상황을 원어민 친구들은
이렇게 표현해요. '의문사+to+V(동사)'를 써서 '무엇을/어떻게/어디로 V할지'
라고 해석한답니다. 예를 들어 where to go라면 어디로 갈지라는 의미에요.

**오늘의
단어**

what to do 무엇을 할지

**응용
표현**

I don't know how to cook.
나 요리할 줄 몰라.

13th

What are you looking for?

무엇을 찾고 있어?

머리끈이나 지우개는 왜 꼭 필요할 때 안 보이는 걸까요? 어제 풀었던 문제집도 그렇고 평소 잘 쓰던 색연필도 그래요. 계속 물건을 찾아 집안을 둘러보고 있으면 엄마가 뭘 찾고 있냐고 물어보실 거예요. 신기한 건, 엄마는 늘 바로바로 물건을 찾아주신다니까요. 엄마 만세!

오늘의 단어

look for 찾다
what 무엇

응용 표현

What are you waiting for?
뭘 기다리고 있어?

Power through.

힘을 내!

이 표현은 직역하면 '~를 통해 힘!'이에요. 지금은 힘들어도 계속 그 길로 쭉 힘을 더 보내라는 뜻입니다. 예전에 'cheer up'을 한번 살펴봤었죠? cheer up은 '위로'의 뉘앙스가 강하다면 이 표현은 '잘하고 있어!'라는 격려의 뉘앙스가 강하답니다.

오늘의 단어

power 힘, 권력
through ~를 통해

응용 표현

She had a lot of power.
그녀는 큰 권력을 가졌어.

That's too bad.

너무 안 됐다.

안 좋은 일이 생겨서 슬퍼하고 있는 친구에게 해줄 수 있는 공감의 표현이에
요. 이렇게 말한 뒤에는 '다음에는 더 잘 될 거야.' 하고 위로를 해주면 더 좋
겠죠. 친구에게 큰 힘이 될 거예요.

오늘의
단어

too 너무
bad 나쁜

응용
표현

I feel bad.
나 기분이 나빠.

Zip up your bag.

가방 잠가.

지원쌤이 만나는 친구들의 가방은 왜 항상 열려있을까요? 그리고 지원쌤 눈에는 왜 그렇게 잘 보이는지 모르겠어요. 가방 안에 소중한 것들이 잔뜩 들어있을 텐데 말이에요. 친구들은 가방의 지퍼를 잘 닫았는지 확인하고 다니도록 해요! 여러분도 주변에 가방을 열고 다니는 친구가 있다면 말해주세요.

 오늘의 단어

zip up 지퍼를 올리다
bag 가방

 응용 표현

He said zip **all evening.**
그는 저녁 내내 아무 말도 안 했어.

Keep that between us.

그건 우리 둘만의 비밀인 걸로 하자.

쉿! 이건 비밀인데요. 사실 지원쌤은 아직도 오른쪽과 왼쪽이 헷갈려요. 어른 인데도요! 그래서 누가 방향을 물어보면 몰래 손가락을 만진답니다. 연필 굳은살이 있는 쪽 찾으려고요. 그쪽이 오른쪽이거든요. 아이 창피해라. 어디 가서 이야기하면 안 돼요!

 오늘의 단어

keep 유지하다
between ~사이에

응용 표현

Don't eat between meals.
식사 사이에는 뭘 먹지 마. (간식 먹지 마)

Every day is a new beginning. Take a deep breath and start again.

매일은 새로운 시작입니다.

깊게 숨을 들이마시고 다시 시작하세요.

I have a question.
저 질문이 있어요.

그거 알아요. 여러분? 모든 선생님들은 열정적으로 질문하는 친구들을 정말로 아끼신다는 걸요. 쌤도 두 눈을 반짝 빛내며 적극적으로 질문하는 친구들이 정말 예뻐요. 수업 시간에 겁먹지 말고, 예의 바르고, 자신 있게 질문해 보세요. 분명 좋아하실 거예요.

오늘의
단어

question 질문

응용
표현

Can I ask you a question?
질문 하나 해도 돼요?

이번 주에 배운 표현을 복습해 볼까요?

☐ I need to warm up. 나 준비 운동해야 해.

☐ Can I get some pocket money?

저 용돈 좀 주실 수 있을까요?

☐ Keep your chin up. 기운 내!

☐ I have a stuffy nose. 저 코가 막혔어요.

☐ We're on the same page. 우린 생각이 같아.

☐ Thank God. 다행이다.

☐ What are you looking for? 무엇을 찾고 있어?

☐ That's too bad. 너무 안 됐다.

☐ Keep that between us.
　그건 우리 둘만의 비밀인 걸로 하자.

☐ I have a question. 저 질문있어요.

We're on the same page.

우린 생각이 같아.

'우리가 같은 페이지 위에 있어.'라는 뜻으로 같은 의견을 가지고 있다는 의미로 쓴답니다. 책에 페이지가 얼마나 많아요. 두꺼운 책은 300페이지도 넘어가잖아요. 그 많은 페이지 중에서도 같은 페이지에 둘이 동시에 있다는 건 정말 생각이 딱 일치한다는 거겠죠? 친구와 마음이 딱 통했다 싶은 순간 쓸 수 있겠죠?

same 같은
page 페이지

Can I have 3 copies of this page.
이 페이지를 세 장 복사해 주시겠어요?

Every man is the architect of his own fortune.

- Sallust

모든 사람은 자신의 행운을 만들어가는 건축가다.

- 살루스티우스

I have a stuffy nose.

저 코가 막혔어요.

감기에 걸린 것 같아 몸의 증상을 설명해야 할 때, 쓸 수 있는 표현입니다. 이 외에도 나의 몸 상태와 건강을 전달할 다양한 문장들이 있어요. 모두 have를 써서 표현한답니다.

 오늘의 단어

have 가지다, 어떤 증상이 있다
stuffy 꽉 막힌
nose 코

 응용 표현

I have a headache. 저 두통이 있어요.
I have a stomachache. 저 배가 아파요.
I have a runny nose. 저 콧물이 나요.

Do you hear me?

내 말 들려?

가끔 집중하면 누군가 부르는 소리를 못들을 때가 있어요. 게임에 집중하느라 엄마가 부르는 소리를 못 들었어요. 가까이에서 엄마가 큰 소리로 말씀하시는 게 들리네요. 큰일 났어요! "몇 번을 불러도 왜 대답이 없어! 엄마 말 들려?"

 오늘의 단어
hear 듣다

 응용 표현
I can hear you.
네 말 들려.

Keep your chin up.

기운 내!

이 문장은 '턱을 위로 치켜든 채로 있어라.'라는 의미입니다. 지금 턱을 치켜 들고 거울을 한번 봐보세요. 어때요? 여러분의 모습이 꽤나 당당해 보이죠? 심지어 거만해 보이기까지 할 거예요. 바로 그거예요. 힘들어하는 친구가 있다면 이야기해 주세요. 축 처져서 고개 숙이지 말고 턱을 들고 기운 내!

오늘의 단어

keep ~한 채로 계속 있어라
chin 턱

응용 표현

Keep your head down.
고개 숙인 상태로 있어.

It could be.

그럴 수도 있죠.

'뭐, 그럴 수도 있죠. 가능성이 없는 건 아니죠.'라는 뉘앙스를 가진 표현이에요. 이때 could는 과거보다는 '약한 추측'을 나타낸다는 걸 기억해 주면 좋아요. could는 과거도 약한 추측도 될 수 있으니 문장에서 어떤 의미로 쓰였는지 잘 살피는 것이 중요하답니다.

 오늘의 단어

could
할 수 있었다, 그럴 수 있다 (can의 과거)

응용 표현

She could do homework.
그녀는 숙제를 할 수 있었다.

10th

Can I get some pocket money?

저 용돈 좀 주실 수 있을까요?

오늘 문장은 보자마자 부모님께 외치고 싶을 것 같은데 아닌가요? 여러분에게 정말로 유용하고 꼭 필요한 문장이죠. 이 문장이 왜 지금에야 나왔나 싶죠? 친구들이 하루에 한 장씩 달력을 보며 문장을 외웠다면 부모님께서 분명 이 문장을 듣고 칭찬의 용돈을 주실 거예요. 빠트린 페이지가 있다고요? 그럼 오늘부터라도 다시 시작해 봐요!

오늘의
단어

pocket 주머니
pocket money 용돈

응용
표현

Add this to your pocket money.
이거 용돈에 보태 써라.

Turn on the light.

불 켜.

중학교, 고등학교에 가면 과목별로 담당하는 선생님들이 다 다르답니다. 신기하죠? 그런데 선생님들이 들어오실 때마다 하시는 이야기가 하나 있어요. 대표적으로 '너희는 어둠의 자식들이니? 불 좀 켜.'가 있답니다. 반대로 '불 꺼'는 어떻게 표현할까요? off로 바꿔주면 끝이에요.

Turn on 켜다
light 빛

Turn off the light.
불 꺼.

I need to warm up.

나 준비 운동해야 해.

체육 시간에 항상 준비 운동을 먼저 하죠? 준비 운동은 언제나 귀찮지만, 안 하면 몸이 다칠 수 있어서 꼭 해줘야 해요. warm up은 물체의 온도를 높일 때 이외에 내 몸의 온도를 높일 때도 사용한답니다.

 오늘의 단어

warm up 데우다, 온도를 높이다

 응용 표현

Can I warm up my milk?
내 우유 좀 데울 수 있을까요?

I apologize.

제가 사과할게요.

먼저 사과하는 사람이 승자래요. 솔직히 지원쌤도 어렸을 때는 이 말이 이해가 되지 않았어요. 이제는 조금 이해할 것도 같아요. 상대방에게 먼저 사과하면 내가 마음이 더 넓은 사람이 되는 느낌이 들거든요. 그리고 친구와 싸워서 생긴 불편한 감정도 더 빨리 사라진답니다.

 오늘의 단어

apologize 사과하다

 응용 표현

Why should I apologize?
내가 왜 사과해야 해?

The way to get started is to quit talking
and begin doing.
- Walt Disney

시작하는 방법은 말을 그만두고 행동하기 시작하는 것이다.

- 월트 디즈니

Let me think.

생각할 시간을 줘.

이번에 동시쓰기 대회에서 상을 받았어요. 엄마가 열심히 했으니 갖고 싶은
장난감을 하나 사주기로 하셨답니다. '뭐 갖고 싶어?'라는 질문을 듣고 외쳤
어요. "잠깐만요. 갖고 싶은 게 많아서 생각할 시간이 필요해요!"

**오늘의
단어**

let ~하게 하다
think 생각하다

**응용
표현**

Let me see.
자, 보자.

☐ The leaves are changing. 나뭇잎 색깔이 바뀌고 있어.

☐ Put on a jacket. 겉옷 챙겨 입어라.

☐ Cross out the wrong answer. 오답에 표시를 해라.

☐ I came in first place! 나 1등 했어!

☐ Don't be a crybaby. 엄살 부리지 마.

이번 주에 배운 표현을 복습해 볼까요?

☐ Do you hear me? 내 말 들려?

☐ It could be. 그럴 수도 있죠.

☐ Turn on the light. 불 켜.

☐ I apologize. 제가 사과할게요.

☐ Let me think. 생각할 시간을 줘.

Don't be a crybaby.

엄살 부리지 마.

crybaby는 말 그대로 우는 아기라는 뜻이에요. 문장을 해석해보면 우는 아기가 되지 말라는 이야기랍니다. 결국 아기처럼 울지 말아라, 엄살 부리지 말라는 뜻이니 무슨 일이 생기면 울어버리는 친구, 힘들다고 떼쓰는 친구에게 쓸 수 있는 말이에요.

Don't ~하지마
crybaby 울보

Don't be afraid.
두려워하지 마.

마음에 힘을 더하는 한 마디

When in Rome,
do as the Romans do.

로마에 있다면, 로마의 법을 따라라.

I came in first place!

나 1등 했어!

1등을 하면 정말 뿌듯하고 기분이 좋죠? '나 1등 했어!'를 많은 친구들이 'I got first prize.'라고 쓰곤 하는데요. 원어민들이 들으면 고개를 갸우뚱할 어색한 표현입니다. 한국어로 해석한다면 '1등 상을 받았어'처럼 자연스럽지만 영어로는 자연스럽지 않아요. 여러분이 상을 받고 기분이 좋을 때 사용할 수 있도록 기억해 두세요.

 오늘의 단어

come in 들어오다
first 첫째의
place 장소

 응용 표현

I didn't come in **last** place.
나 꼴찌는 안 했어.

He didn't show up.

그는 나타나지 않았어.

어라? 오늘 학교에 가니 처음 보는 선생님이 계시네요. 우리 담임 선생님은 어디에 가셨지? 여쭤보니 오늘 편찮으셔서 학교에 못 나오셨대요. 세상에 그렇게 목소리 크고 에너지 넘치는 선생님이 아프시다니…. 너무 걱정되네요. 얼른 나으셨으면 좋겠어요.

오늘의 단어

show 보이다, 보여주다
show up 나타나다

응용 표현

Show me.
나한테 보여줘.

Cross out the wrong answer.

오답에 표시를 해라.

이 말이 친구들에게는 얼마나 무시무시하게 들릴지 쌤은 다 알아요. 가로지르다(cross)와 나가다(out)를 합쳐서 밖으로 선이 나가도록 완전히 가로지르라는 말에서 나왔어요. 여러분! 틀리는 것은 실력이 성장하면서 충분히 있을 수 있는 일이랍니다. 그러니 틀리는 것을 두려워하지 마세요.

오늘의 단어

cross 가로지르다
wrong 틀린, 잘못된

응용 표현

Be careful not to cross the line.
선을 넘어가지 않도록 조심하라.

I gotta go now.

나 지금 가봐야 해.

친구들이랑 놀 때 이 말만은 참 하기가 싫죠. 그래도 해야 할 때가 있어요. 학원이나 가족 행사에 가야 할 수도 있고요. 수상한 사람을 피할 때도 이 문장은 아주 유용해요. 지금 가봐야 한다며 재빨리 빠져나오는 거예요!

 오늘의 단어

gotta(=have to) ~해야 한다
now 지금

응용 표현

I have to go now.
나 지금 가야 돼.

Put on a jacket.

겉옷 챙겨 입어라.

엄마는 왜 이렇게 걱정이 많으실까요? 이것도 해라, 저것도 챙겨라. 요즘은 아침마다 옷을 따뜻하게 입어야 한다고 하신답니다. 쌤이 어른이 되고 나니 그 잔소리에 얼마나 사랑이 듬뿍 담겨있었는지 알게 되었어요. 지금은 그립 다니까요. 날 정말 사랑해서 하나라도 더 챙겨주시는 그 마음이요.

오늘의 단어

jacket 재킷, 잠바
put on ~를 입다

응용 표현

Put on **your coat.**
코트를 입어.

My pleasure.

천만에요.

누군가 내게 'Thank you.'라고 인사했다면 어떻게 답하면 좋을까요? 답할 수 있는 말이 정말 많아요. 친구가 고맙다고 할 때 '내가 너에게 도움이 되어 기뻐'하고 다양한 방법으로 대답해 봐요.

 오늘의 단어

pleasure 기쁨

 응용 표현

지원쌤의 Tip '천만에요.'를 의미하는 여러가지 표현을 배워봐요.

You're welcome. / Don't mention it. / It's my pleasure.

The leaves are changing.

나뭇잎 색깔이 바뀌고 있어.

지원쌤은 초등학교 2학년 때, 은행 나뭇잎 모으기에 푹 빠졌었어요. 등하굣길에 은행나무가 엄청 많았거든요. 아무도 밟지 않은 또렷한 노란색의 크고 예쁜 나뭇잎을 줍느라 집에 늦게 간 적도 많았답니다. 집에 나뭇잎 박스를 만들어서 주워온 나뭇잎을 가득 채워 넣었던 기억이 나요. 예쁘게 코팅해서 책갈피로도 쓰고요! 물론 대부분은 시간이 지나면서 바스러졌지만요.

오늘의 단어

leaf 나뭇잎
change 변화하다, 바뀌다

응용 표현

I can't see her changing his mind.
나는 걔가 맘을 바꿀 것 같지가 않아.

It looks delicious.

맛있어 보여요.

미국에서는 '잘 먹겠습니다.'라는 인사말이 없어요. 그래서 누군가 맛있는 음식을 대접해 주면 때 '와, 맛있어 보여요!'라고 말하고 맛있게 먹는 모습을 보여준답니다. 나라마다 문화가 조금씩 다른 게 신기하죠?

오늘의 단어

look ~처럼 보이다
delicious 맛있는

응용 표현

It looks so boring.
정말 지루해 보이는데.

마음에 힘을 더하는 한 마디

Every day is a new beginning.
Take a deep breath and start again.

매일은 새로운 시작입니다.

깊게 숨을 들이마시고 다시 시작하세요.

I have a cold.

나 감기 걸렸어.

이맘때에는 감기에 걸리는 친구들이 정말 많아요. 감기에 안 걸리는 게 가장 좋지만, 걸렸을 때는 'have'를 사용해서 말하면 된답니다. 친구들 감기에 걸렸을 때는 잘 먹고 많이 자야 금방 나아요. 얼른 나아서 에너지 넘치는 하루를 보내기 위해 비타민이 풍부한 음식을 먹고, 목을 따뜻하게 하고, 약을 잘 챙겨 먹어야 해요.

오늘의
단어

have 가지다, 앓고 있다
cold 감기, 추운

응용
표현

I have terrible allergies.
나는 심한 알레르기가 있어.

October

10월

이번 주에 배운 표현을 복습해 볼까요?

- [ ] He didn't show up. 그는 나타나지 않았어.

- [ ] I gotta go now. 나 지금 가봐야 해.

- [ ] My pleasure. 천만에요.

- [ ] It looks delicious. 맛있어 보여요.

- [ ] I have a cold. 나 감기 걸렸어.

이번 주에 배운 표현을 복습해 볼까요?

- [ ] I finally made it! 내가 결국 해냈어!

- [ ] I prefer books to movies. 난 영화보단 책이 더 좋더라.

- [ ] Did you enjoy your meal? 식사 맛있게 하셨어요?

- [ ] You should tell the truth. 사실대로 말해야 한다.

- [ ] It's chilly. 쌀쌀하네.

April

4월

It's chilly.

쌀쌀하네.

확실히 9월 말이 되니 아침 저녁에 쌀쌀함이 확 느껴져요. 긴팔 겉옷이 없으면 감기 걸리기 딱 좋은 날씨죠? 이럴 때 'It's chilly.'라는 표현이 딱이에요. 반팔 입고 있으면 찬바람 때문에 팔에 닭살이 오소소 돋는 그런 날씨일 때 꼭 써보세요.

오늘의
단어

chilly 매운, 쌀쌀한

응용
표현

It's windy.
바람이 많이 부네.

I have not failed.
I've just found 10,000 ways
that won't work.
- Thomas Edison

나는 실패했던 게 아니다.

그저 되지 않는 10,000가지 방법을 찾은 것뿐이다.

- 토마스 에디슨

You should tell the truth.

사실대로 말해야 한다.

부모님도 선생님도 그리고 친구들도 가장 싫어하는 사람이 '거짓말 많이 하는 사람'인 것을 알고 있나요? 거짓말은 거짓말을 낳고, 또 다른 거짓말을 낳아 결국 겉잡을 수 없이 커져버려요. 누구나 실수할 수 있고 잘못할 수 있으니 처음부터 솔직하게 이야기하는 것이 중요해요.

오늘의 단어

should ~해야 하다
tell the truth 진실을 말하다

응용 표현

Tell **me** the truth.
나한테 진실을 얘기해.

I fooled you.

내가 너 속였어.

만우절(April Fools' Day)이 어제였어요. 지원쌤이 학교 다닐 때는 담임 선생님이 들어오시기 전에 다 같이 책상을 뒤로 돌려서 거꾸로 앉아있기도 했고, 옆 반의 반장과 반을 바꿔 들어가기도 하고 그랬어요. 여러분은 어떻게 보냈나요? 아무리 만우절이어도 과한 거짓말은 안 돼요!

오늘의
단어

fool 바보, 속이다

응용
표현

He really got me.
걔가 나 진짜 속였어.

Did you enjoy your meal?

식사 맛있게 하셨어요?

enjoy는 즐긴다는 의미에요. 그래서 식사가 즐거울 만큼 맛있었냐는 뜻이 되죠. 보통 식사를 대접한 사람이 물어보는 질문이에요. 음식을 맛있게 먹었다면 이 질문을 들었을 때 꼭 맛있었다고 감사를 표하는 것 잊지마세요.

 오늘의 단어

meal 식사

 응용 표현

Did you enjoy your breakfast?
아침 식사 맛있게 하셨어요?

Let's go on a walk.
산책하러 가자.

친구들이 walk랑 work 발음을 구별하는 것을 어려워하더라고요. 그래서 쌤
이 준비했어요. 발음 꿀팁! '걷다'의 walk는 마치 다리를 길게 뻗어 걷듯, 턱
을 아래로 길~게 내리며 발음해 보아요. 워어-크 이렇게요. '어'가 '아'에 가
까운 소리가 나면 잘한 거예요!

**오늘의
단어**

walk 걷다, 산책

**응용
표현**

I can't walk that far.
나 그렇게 멀리는 못 걸어가.

I prefer books to movies.

난 영화보단 책이 더 좋더라.

에이~ 그럴 리가 있냐고요? 지원쌤은 정말 그래요. 실제로 쌤은 쉴 때 누워서 책을 볼 때가 많은데요. 상상의 나래를 펼칠 때 제한이 없어서 훨씬 재밌거든요. 영화를 보며 감독과 배우가 만든 세상을 구경하는 것도 좋지만 책을 한줄 한줄 읽을 때마다 머릿속에 그려가며 마음껏 상상하는 재미도 쏠쏠하답니다.

오늘의 단어

prefer 선호하다
book 책

응용 표현

I prefer **movies to** books.
나는 책보단 영화가 더 좋더라.

Enjoy your lunch.

점심 맛있게 먹어.

즐거운 점심시간! 오늘 급식에는 제일 좋아하는 반찬이 나와요. 설레는 마음으로 배식을 받고 자리에 앉았어요. 짝꿍에게 맛있게 먹으라고 이야기해요. 'Enjoy your lunch~!' 이제 맛있는 점심을 즐길 시간이에요.

lunch 점심
enjoy 즐기다

Enjoy the scenery.
경치를 즐겨.

25th

I finally made it!

내가 결국 해냈어!

make는 만든다는 뜻이잖아요. 그럼 made it은 이것을 만들었다겠죠? 친구들도 뭔가를 만들어냈을 때 뿌듯함과 성취감을 느껴본 적이 있을 거예요. 그래서 '해내다, 성공하다'라는 뜻으로도 자주 쓰인답니다. 오늘 목표한 것을 해내고 이 문장 크게 말해보기로 해요. "엄마! 나 밥 먹기 전에 숙제 다 했어요! I finally made it!"

오늘의 단어

finally 결국
make 해내다, 성공하다

응용 표현

Can you make it at ten?
10시에 가능해요?

It's time to get ready for school.

학교에 갈 준비해야지.

아~ 더 자고 싶은데 엄마가 깨워요. 얼른 일어나서 학교에 갈 준비를 하라는 소리가 들려요. 5분만 더, 3분만 더…. 엄마가 "지각이야! 벌써 8시야!" 하고 소리치셨어요. 그 소리에 놀라서 벌떡 일어났더니 아직 7시 10분이지 뭐예요? 오늘도 속았어요.

It's time to ~하러 갈 시간이다

It's time to go to bed.
자러 갈 시간이야.

The future depends on what you do today.

- Mahatma Gandhi

미래는 오늘 네가 한 행동에 달려있다.

- 마하트마 간디

I'm about to sneeze.

재채기가 나올 것 같아.

지원쌤은 봄이면 꽃가루 때문에 조금 힘들어요. 재채기하기 직전에는 코가
간지러우면서 '에에에~' 하고 신호가 오는 순간, 바로 '췌!!!' 하고 큰 소리가
나죠. 그러면 괜히 머쓱해져서 주위를 둘러보게 되는데 여러분도 그런가요?

be about to 막 ~할 참이다
sneeze 재채기하다

She is about to leave.
그녀는 막 떠나려는 참이야.

이번 주에 배운 표현을 복습해 볼까요?

☐ **That's not a big deal.** 별거 아니야.

☐ **When is this due?** 이 과제 언제까지 해야 해?

☐ **You have neat handwriting.** 너 글씨 잘 쓴다.

☐ **Don't be shy.** 부끄러워하지 마.

☐ **It's time for class.** 수업 시간이야.

이번 주에 배운 표현을 복습해 볼까요?

☐ I fooled you. 내가 너 속였어.

☐ Let's go on a walk. 산책하러 가자.

☐ Enjoy your lunch. 점심 맛있게 먹어.

☐ It's time to get ready for school.
학교에 갈 준비해야지.

☐ I'm about to sneeze. 재채기가 나올 것 같아.

It's time for class.

수업 시간이야.

쉬는 시간 10분은 왜 이렇게 빨리 지나갈까요? 쉬지도 못했는데 벌써 수업 시작을 알리는 종이 울려요. 친구들이랑 좀 더 놀고 싶은데 선생님이 자리에 앉으라고 하시네요. 'It's time for class.' 매일 들어도 적응이 안 되는 말이에요.

 오늘의 단어　　class 교실, 수업

 응용 표현　　**It's time for moving.**
출발할 시간이야.

The only thing
we have to fear is fear itself.
- Franklin D. Roosevelt

우리가 두려워해야 할 것은 두려움 그 자체다.

- 프랭클린 D. 루스벨트

Don't be shy.

부끄러워하지 마.

지원쌤은 어릴 때, shy라는 단어를 보면서 '단어가 부끄러움을 타나 봐. 발음이 조심스럽네?'라는 엉뚱한 생각을 했었어요. 뭔가 '샤~'하고 조심스레 시작해서 '이'는 들릴락 말락 하잖아요. 그래서 shy 단어에 분홍색 볼 터치를 그려 넣었던 기억이 나요. 친구들도 한 번 해보세요. 이 단어를 절대 안 까먹을 걸요!

 오늘의
단어

shy 부끄러운, 수줍은

응용
표현

Don't be sad.
슬퍼하지 마.

We really need to catch up.

우리 오랜만에 한 번 만나야지.

여러분은 캐치볼을 해본 적이 있나요? 그때 'catch'는 '잡다'라는 뜻인데요. 이 사를 가서 자주 보지 못하던 친구를 만나면 반가워서 손을 잡겠죠? 오랜만에 만나서 이야기를 하다 보면 자연스럽게 어떻게 지냈는지도 알게 되고요. 그래서 catch up이라는 표현을 쓰게 된 거래요.

catch up
따라잡다, 만나다, 근황을 나누다

Go on ahead. I'll catch up with you.
먼저 가. 내가 너 따라갈게.

You have neat handwriting.

너 글씨 잘 쓴다.

지원쌤은 노트 필기에 진심인 학생이었어요. 색깔 펜으로 알록달록하게 글씨체도 또박또박 줄도 딱 맞춰서 써야 직성이 풀렸달까요. 사실 필기 내용이 더 중요한데 말이죠! 그래도 그때 연습한 손글씨 실력이 어디 안 가서 지원쌤은 예쁜 글씨체를 갖고 있답니다. 쌤한테 싸인 받을 친구 있나요? 아무도 없다고요? 이럴수가!

neat 단정한
handwriting 손글씨

I have bad handwriting.
난 악필이야.

It's really cool today.

날씨가 시원하네.

4월은 날씨가 오락가락해요. 지원쌤은 북한산 자락에 있는 학교에 다녔거든요. 산이어서 그랬는지 4월 중순에도 눈이 왔어요. 건물 사이로 거센 바람이 불면서 눈 소용돌이가 생기는 걸 보고 친구들과 다 같이 비명을 지른 적이 있었어요. 춥다가 덥다가 날씨를 알 수 없는 4월이에요.

 cool 시원한, 멋진

 It's a cool movie.
이거 끝내주는 영화야.

When is this due?

이 과제 언제까지 해야 해?

숙제는 왜 이렇게 미루고 싶은 걸까요? 꼭 전날 밤이 되어서 급하게 숙제를 하는데 그러면 과거의 내가 원망스러워요. 미리미리 할 걸 하고요. 그래서 지원쌤은 일부러 달력에 마감기한을 하루 이틀 일찍 적어두곤 해요. 그럼 급하게 닥쳐서 하는 일이 좀 줄어들더라고요.

오늘의 단어

when 언제
this 이것
due ~때문에, 의무

응용 표현

When **do you leave?**
너 언제 떠나?

What a nice watch!

이 손목시계 정말 멋지다!

애플 워치나 갤럭시 워치를 들어봤죠? 이때 워치는 '손목시계'라는 뜻이에요. 벽에 걸린 시계는 clock이고, 손목에 차는 시계는 watch라고 불러요. 시간을 확인하기 위해 시계를 자주 봐서 그럴까요? '보다'라는 뜻도 가지고 있어요.

 오늘의 단어

watch 손목시계, 보다
nice 괜찮은, 멋진

 응용 표현

What a coincidence!
이런 우연이!

That's not a big deal.

별거 아니야.

지원쌤은 아이스크림을 정말 좋아해요. 베스킨라빈스의 아이스크림을 중에서도 '엄마는 외계인'을 가장 좋아하는데요. 엄마가 아이스크림을 사오셨는데 엄마는 외계인이 없어서 엄마가 미안해하셨던 기억이 나네요. 별로 중요하진 않은데 말이죠. 아이스크림은 다 맛있으니까요. "It's not a big deal!"

 big deal 대수로운 것

 Don't make a big deal out of it.
별거 아닌 걸로 소동 벌이지 마.

Let's take a group picture.

단체 사진 찍자.

날씨가 풀려서 친구들이랑 밖에서 놀기 딱 좋은 날이에요. 벚꽃도, 진달래꽃도, 철쭉도 피어있는 걸 보면 정말 봄이 왔나 봐요. 다 같이 놀러 나왔으니 인증샷을 남겨야겠죠? 나중에 사진을 보며 친구들과 보낸 시간을 떠올릴 수 있도록 말이에요.

 오늘의 단어   take a picture 사진 찍다

 응용 표현   **Can you take a picture of us?**
저희 사진 좀 찍어주실 수 있을까요?

마음에 힘을 더하는 한 마디

Believe you can and you're halfway there.

- Theodore Roosevelt

할 수 있다고 믿으면 이미 반은 온 것이다.

- 시어도어 루스벨트

I got goose bumps.

나 소름 돋았어.

깜짝 놀랐을 때나 추울 때, 무서울 때 피부가 닭 껍질처럼 오돌토돌해진 것을 보고 소름이 돋았다고 말하잖아요. 또는 닭살 돋았다고 표현하고요. 영어로도 마찬가지예요. 닭살을 goose bumps이라고 한답니다. 신기하죠?

 오늘의 단어

goose bumps 소름, 닭살
get 얻다, 되다

 응용 표현

When he sings, I get goose bumps.
나는 그 사람이 노래를 부를 때 닭살이 돋아.

이번 주에 배운 표현을 복습해 볼까요?

☐ Tag, you're it! 잡았어, 너가 술래야!

☐ Long time no see! 오랜만이야!

☐ There's a really cool breeze today. 선선하네.

☐ I forgot my pencil case. 필통 챙기는 걸 잊었어.

☐ I moved from Texas. 나 텍사스에서 이사왔어.

이번 주에 배운 표현을 복습해 볼까요?

□ We really need to catch up.

우리 오랜만에 한 번 만나야지.

□ It's really cool today. 날씨가 시원하네.

□ What a nice watch! 이 손목시계 정말 멋지다!

□ Let's take a group picture. 단체 사진 찍자.

□ I got goose bumps. 나 소름 돋았어.

I moved from Texas.

나 텍사스에서 이사왔어.

이사 올 때, 꼭 옆 동네에서 오란 법이 있나요? 친구가 어제까지는 미국의 텍사스에 살았다가 오늘은 우리나라의 서울에서 살 수도 있는 거죠. 사실 지원쌤이 열심히 영어 공부를 한 이유가 여기 있어요. 전 세계를 자유롭게 다니며 살고 싶거든요!

오늘의
단어

move from   ~로부터 이사오다

응용
표현

He is from the U.K.
그는 영국에서 왔어.

마음에 힘을 더하는 한 마디

Easy come, easy go.

쉽게 얻는 것은 쉽게 잃는다.

I forgot my pencil case.

필통 챙기는 걸 잊었어.

여러분은 꼼꼼하게 자기 물건을 잘 챙기는 편인가요? 선생님은 어렸을 적 덤벙대는 편이었는데 꼭 중요한 날 중요한 준비물을 집에 놓고 가곤 했어요. 가끔은 필통을 집에 두고 학교에 가기도 했고요. 그럼 정말 당황스럽지만, 담임 선생님께 말씀드리거나 친구에게 빌려야겠죠? 그럴 때 쓰는 말이에요. "I forgot my pencil case. Can I borrow your pencil?"

forgot 잊어버렸다

I forgot my umbrella. Can we share yours?
나 우산을 깜박했어. 우리 같이 써도 될까? (share 공유하다)

Whose pen is this?

이거 누구 펜이야?

지원쌤은 그림 그리고 필기하는 걸 좋아해서 필통 가득 펜을 넣고 다녔어요. 그래서 친구들이 자주 펜을 빌려갔는데, 왜 빌려준 펜은 돌아오지 않는 걸까요? 나중에 펜을 빌려 갔던 친구가 물어봐요. '이거 누구 펜이었지?'

오늘의
단어

whose 누구의
pen 펜

응용
표현

Whose balloon is this?
이 풍선은 누구 거야?

· September ·

13th

There's a really cool breeze today.

선선하네.

선생님은 가을을 참 좋아해요. 나뭇잎 색깔도 초록색, 노란색, 빨간색으로 다채롭게 물들고요. 하늘도 파랗고 무엇보다 바람이 선선하거든요. 산책하기 딱 좋은 날씨가 이어져서 행복해요. 아, 영원히 가을이었으면 좋겠어요!

cool 시원한
breeze 산들바람, 약한 바람

There's a letter for you.
네 앞으로 편지가 하나 와 있어.

It's your turn.

네 차례야.

다은이와 세 친구가 보드게임을 하고 있어요. 반시계 방향으로 돌면서 한 명씩 카드를 내고, 다은이도 카드를 내고, 이제 다은이 옆에 앉은 친구 차례네요. 어라? 근데 이 친구가 아무것도 안 하고 보드게임판만 쳐다봐요. 순서를 잊었나 봐요! 친절하게 말해줍시다. 'It's your turn.'

 오늘의 단어

turn 돌다, 차례, 순서

응용 표현

It's my turn.
내 차례야.

Long time no see!

오랜만이야!

지원쌤은 초등학교 다닐 때 전학을 무려 네 번이나 했었어요. 그러다 보니 이전 초등학교에 있었던 친구들을 만날 때, '오랜만이야!'라는 인사를 참 자주 했답니다. 오랜만에 만나 반가운 마음을 가득 담아 쓰는 표현이에요.

오늘의 단어

long 긴
see 보다

응용 표현

It's been a while.
오랜만이다.

I'm sick of studying.

난 공부하는 게 지긋지긋해.

sick이 감기 걸려서 아픈 때에만 쓰는 줄 알았죠? 쌤도 그랬어요. 그런데 이렇게 쓰면 '생각만 해도 머리가 아플 정도로 지긋지긋해'라는 의미가 된답니다. 숙제하느라 스트레스가 너무 심할 때, 혼자 일기에 이 문장을 쓰면서 스트레스를 풀어보세요. 자연스럽게 영어 문장도 외우고, 일석이조네요!

 오늘의 단어

be sick of ~가 지긋지긋하다

 응용 표현

I'm sick of you two arguing.
난 너희 둘이 싸우는 게 지긋지긋하다.

Tag, you're it!

잡았어, 네가 술래야!

무궁화- 꽃-이- 피었습니다-! 친구들과 무궁화 꽃이 피었습니다를 하면 술래가 누군가를 잡고, 잡힌 사람이 새로운 술래가 되지요? 바로 그 순간에 쓰는 표현이에요. 술래 잡기 놀이를 할 때 많이 쓸 수 있겠죠? "Tag, you're it!"

오늘의 단어

tag 꼬리표, 꼬리표를 붙이다

응용 표현

Who wants to be it?
술래하고 싶은 사람?

What do you think?

너는 어떻게 생각해?

쉬는 시간에 교실 뒤쪽이 시끌시끌해요. 서아랑 하율이가 또 시작인가 봐요. 서아와 하율이는 좋아하는 아이돌 그룹이 달라서 둘이서 어느 그룹이 더 나은지 맨날 싸워요. 제일 난감할 때는 저한테 물어보는 거예요. '넌 어떻게 생각해?' 난 다 좋다고요!

**오늘의
단어**

what 무엇
think 생각하다

**응용
표현**

What about you?
너는 어때?

The only way to do great work is to love what you do.

- Steve Jobs

대단한 일을 하는 유일한 방법은
당신이 하는 일을 사랑하는 것입니다.

- 스티브 잡스

Are you all set?

준비 다 됐니?

야호! 오늘은 친구네 가족과 함께 나들이를 가는 날이에요! 학교갈 때는 그렇게 귀찮던 세수와 양치, 옷 입기가 오늘따라 즐거워요. 룰루랄라 콧노래를 부르며 외출 준비를 하는데 엄마가 물어보시네요. '필요한 물건은 다 챙겼니?' 그럼요! 제가 제일 빨리 준비했을 걸요!

오늘의
단어

all 모두
set 놓다, 설정하다, 준비된

응용
표현

엄마 : **Are you all set?** 준비 다 됐니?
나: **I'm all set.** 전 준비 다 됐어요.

이번 주에 배운 표현을 복습해 볼까요?

☐ Never give up! 절대 포기하지 마!

☐ Are you new here? 너 새로 왔니?

☐ May I go to the bathroom? 화장실에 가도 될까요?

☐ Do you follow me? 이해했어?

☐ I'm late for school. 학교에 늦었어.

☐ Whose pen is this? 이거 누구 펜이야?

☐ It's your turn. 네 차례야.

☐ I'm sick of studying. 난 공부하는 게 지긋지긋해.

☐ What do you think? 너는 어떻게 생각해?

☐ Are you all set? 준비 다 됐니?

I'm late for school.

학교에 늦었어.

아침에 일어나는 것이 상쾌한 친구 손 들어보세요! 사실 쌤은 손 안 들었어요. 쌤은 아침잠이 많아요. 그래서 늦잠 자고 일어나 허둥대며 학교 갈 준비를 했던 적이 많아요! 서둘러 아침밥을 먹으면서도 옷을 입으면서도 신발을 대충 구겨 신고 엘리베이터 버튼을 누르면서도 계속 말했어요. "I'm late for school!"

 오늘의 단어　late 늦은

응용 표현

Don't be tardy.
지각하지 마. (tardy 지각)

No pain, no gain.
- Robert herrick

고통 없이는 얻는 것도 없다.

- 로버트 헤릭

Do you follow me?

이해했어?

서준이에게는 6살 어린 동생이 있어요. 형이 하는 말이라면 무조건 고개를 끄덕이는 귀여운 동생이에요. 하지만 가끔은 입을 벌리고 멍한 표정으로 서준이를 바라봅니다. 아무래도 형의 말을 이해하지 못했나 봐요. 그럴 때 서준이는 꼭 확인합니다. "Do you follow me?"

follow 따라가다

I don't follow.
이해가 안 돼요.

I made up with him.
나 걔랑 화해했어.

친구랑 싸우고 나면 기분이 좋지 않아요. 그때는 엄청나게 화났는데 시간
이 지나면 내가 왜 그랬을까 후회되고, 그 친구와 마주칠까 봐 신경 쓰이고,
같이 있는 것도 불편해지고요. 그러니 용기내어 친구에게 먼저 미안하다고,
화해하자고 말하며 손을 내밀어 보세요.

오늘의 단어

make up with 화해하다
with ~와 함께

응용 표현

Kelly made up with Jack.
켈리는 잭과 화해했어.

May I go to the bathroom?

화장실에 가도 될까요?

수업 시간은 영원처럼 길게 느껴졌는데, 쉬는 시간은 왜 이리 짧은 걸까요? 친구들이랑 웃고 떠들다 보니, 미리 다녀왔어야 할 화장실을 이번에도 깜빡했어요. 수업 시간이지만 조심스레 손을 들고 선생님께 여쭤봅니다. "May I go to the bathroom?"

May I ~ ~ 해도 될까요?
bathroom 화장실

May I go get some water?
물 가지러 갔다 와도 될까요?

This is legit.

이거 제대로다.

이 표현은 원어민 친구들이 맛있는 걸 먹었을 때, 멋있는 걸 봤을 때, 놀라울 때, 감동했을 때 쓰는 감탄사예요. 이 문장을 입밖으로 내는 순간 원어민 친구들이 '와 너 영어 잘한다!' 할 수도 있어요. 여러분도 맛있는 음식을 먹었을 때 감탄사로 한번 사용해 볼까요?

오늘의 단어
this 이것

응용 표현
This **is just another level.**
이건 그냥 차원이 달라.

Are you new here?

너 새로 왔니?

9월이 되면 반에 전학생이 오는 경우가 있어요. 혹은 학원에서 새로 만나게 되는 친구도 있고요. 어색함에 쭈뼛쭈뼛 인사하는 친구를 보면 반갑기도 하고 신기하기도 할 거예요. 전학생 친구도 여러분들이 반갑고 신기할 테니, 온 마음 다해 진심으로 환영해 주세요.

오늘의 단어

new 새로운
here 여기

응용 표현

I like your new hairstyle.
나는 네 새 헤어스타일이 맘에 들어.

I have no doubt.

믿어 의심치 않아.

'믿어 의심치 않는다'는 건 확실히 믿는다는 의미에요. 단 한 톨의 의심도 하지 않는다는 뜻이죠. 친구에게 나는 네가 잘 해낼 거라고 믿는다고 응원할 때 쓸 수 있어요. 소원이 꼭 이루어질 거라고 이야기할 때도요.

오늘의
단어

have 가지다
doubt 의심

응용
표현

I doubt it.
난 그건 의문이야.

Never give up!

절대 포기하지 마!

여러분 이런 말을 들어본 적이 있나요? 포기는 배추 셀 때나 하는 말이다! 쌤도 여러분에게 해주고 싶은 말이에요. 절대 포기하지 마세요. 꾸준히 노력하면 언젠가는 결실을 얻을 날이 온답니다.

오늘의 단어

give up 포기하지 마.

응용 표현

It's tough to give up an old habit.
오래된 습관을 버린다는 것은 아주 어렵다.

Can you speak more slowly?

더 천천히 말해줄래?

휴, 오늘 너무 사건 사고가 많은 하루였어요. 아침에 민준이랑 현수가 몸싸움을 해서 반에 난리가 나고, 체육 시간에는 선우가 축구 하다가 발목을 다치고, 점심시간에는 급식이 덜 와서 우리 반만 밥을 늦게 먹었지 뭐예요. 집에서 엄마를 보자마자 오늘 학교에서 있었던 일을 막 이야기했어요. 엄마는 이렇게 말씀하셨죠. '천천히 말해줄래? 하나씩'

오늘의
단어

speak 말하다
slowly 천천히
more 더

응용
표현

Speak out.
크게 말해.

The darkest hour is just before the dawn.

- Thomas Fuller

가장 어두운 시간은 해 뜨기 바로 전이다.

- 토마스 풀러

I'm trying to choose my best selfie.

내가 제일 잘 나온 사진을 고르는 중이야.

자신의 모습을 직접 찍은 사진을 영어로 셀피라고 한답니다. 흔히 셀카라고 말하지만 셀피가 맞는 표현이에요. 지원쌤은 셀피를 찍을 때, 절대 한 장만 찍지 않아요. 많으면 오십 장도 찍는답니다. 그래야 잘 나온 셀피를 한두 장 건질 수 있거든요. 그래서 사진을 찍고 나면 항상 잘 나온 사진을 고르는 시간이 필요해요. 여러분도 그렇죠? 그쵸?

 오늘의 단어

let me 나 ~할게.
selfie 셀피

 응용 표현

Let me take a selfie.
나 셀피 좀 찍을게.

이번 주에 배운 표현을 복습해 볼까요?

☐ I always learn so much from you.

너한테 항상 많은 걸 배워.

☐ Let's split the bill. 각자 계산하자.

☐ Who is your favorite singer?

네가 가장 좋아하는 가수는 누구야?

☐ How about you? 너는 어때?

☐ After you. 먼저 가세요.

이번 주에 배운 표현을 복습해 볼까요?

☐ I made up with him. 나 걔랑 화해했어.

☐ This is legit. 이거 제대로다.

☐ I have no doubt. 믿어 의심치 않아.

☐ Can you speak more slowly? 더 천천히 말해줄래?

☐ I'm trying to choose my best selfie.
  내가 제일 잘 나온 사진을 고르는 중이야.

After you.

먼저 가세요.

여러분 9월이 되니 정말 새 학기 분위기가 나요. 새 학기를 맞아 학교 생활을 할 때 가장 중요한 덕목을 꼽아봤어요. 바로 양보예요. 친구를 위해 양보하고 착한 일을 하면, 그것은 돌고 돌아 자신을 위한 일이 된답니다. 우리 꼭 오늘 외쳐봐요. "After you. 친구야 너 먼저 가."

 오늘의 단어

after ~후에

응용 표현

Shut the door after you.
들어온 뒤에 문을 닫으세요.

Don't cry over spilt milk.

이미 엎질러진 물이다.

September

9월

Sure thing.

물론이지.

Sure에 thing을 붙이면 '확실한 것'이 되는데 그냥 Sure보다 더욱 흔쾌히 답할 때 씁니다. 부모님께 허락을 구할 때 '그럼' '물론이지'라는 대답이 나오면 아주 행복하지 않나요? 오늘부터 이 대답을 듣기 위해 노력해봐요. "엄마, 나 친구랑 놀아도 돼?" "Sure thing~!" 이렇게요.

 오늘의 단어

sure 확실한

응용 표현

I'm not sure.
잘 모르겠어. 확신이 안 서.

How about you?

너는 어때?

친구한테 뭔가 제안할 때, 혹은 의견을 물어볼 때 쓰기 좋은 표현이에요. "우리 오늘 축구 할 건데. How about you?" "내 생각엔 이렇게 하는 게 맞는 것 같아. How about you?" 이런 식으로 쓰면 된답니다.

오늘의 단어

about ~에 대해

응용 표현

How about going for a walk?
산책하는 거 어때?

May

5월

Who is your favorite singer?

네가 가장 좋아하는 가수는 누구야?

친구들과 이야기하다 보면 빠지지 않는 주제에요. 어느 아이돌 그룹이 더 잘생겼는지, 누구 노래가 더 좋은지 이야기를 하다 보면 시간 가는 줄 모른다니까요. 불꽃 튀는 토론과 논쟁을 우리는 좋아하는 가수의 이야기를 나누며 배우는 것 같아요.

오늘의 단어

favorite 가장 좋아하는
singer 가수

응용 표현

Who is your favorite actor?
네가 가장 좋아하는 배우는 누구야?

Tell me about it.
내 말이 그 말이야.

그런 적 있지 않아요? 좋아하는 체육 수업이 있는 날에 갑자기 비가 오고, 급식에 맛있는 반찬이 나오는 날에 줄을 늦게 서고, 학교 끝나고 일찍 가야 하는 날에는 선생님 말씀이 길어지고 말이죠. 방금 여러분 속으로 "내 말이 그 말이야!"라고 외쳤나요? 영어로도 말해볼까요? 그대로 해석하면 '나에게 말해봐'라는 뜻이지만 원어민들은 맞장구치는 표현으로 훨씬 자주 씁니다.

 오늘의
단어

tell 말하다

응용
표현

I can tell.
딱 보니까 알겠네.

Let's split the bill.

각자 계산하자.

친구들끼리 오랜만에 학교 끝나고 놀기로 했어요. 햄버거를 먹고 코인노래
방에 갈 거예요. 오늘 친구들과 재밌게 놀라고 엄마가 카드도 주셨어요. 그
래도 계산은 각자 하는 게 제일 깔끔하니까요. 우리 각자 계산하자. "Let's
split the bill."

 오늘의
단어

split 나누다, 쪼개다
bill 계산서, 지폐

 응용
표현

Can we have the bill, please?
저희 계산서 좀 주시겠어요?

2nd

It's sunny.

해가 쨍쨍해.

오늘은 학교에서 현장 체험 학습을 가는 날! 아침에 일어나서 하늘부터 봤는데 따사로운 햇살에 눈이 부셔요. 날씨는 합격이에요. 친구들과 재미있게 놀 생각에 벌써 설레요. 가방에 점심 도시락과 간식을 잘 넣었는지 확인하고 혹시 모르니 용돈도 조금 챙겼어요. 이따가 추로스 가게가 보이면 하나 사 먹을 거예요. 야호!

오늘의
단어

It's (날씨가) ~이다
sun 해

응용
표현

It's rainy.
비가 와.

I always learn so much from you.

너한테 항상 많은 걸 배워.

그런 말이 있어요. 세 사람이 모이면 그중 한 사람이라도 스승이 있다는 말이요. 그만큼 어떤 친구를 만나든 그 친구에게 배울 점이 있을 거라는 걸 강조하는 거랍니다. 오늘 가장 친한 친구에게서 배울 점을 하나 찾아보고 친구에게 표현해 주세요. "I always learn so much from you."

오늘의 단어

always 힝상
learn 배우다
from ~로 부터

응용 표현

I learn Taekwondo on Mondays.
나는 월요일에 태권도를 배워.

How's the weather?

날씨가 어때?

지원쌤은 아침에 일어나자마자 가장 먼저 하는 말이 이거예요. "하이 빅스비, 오늘 날씨 어때?" 빅스비의 대답을 듣고 옷을 고른답니다. 요즘 날씨가 왜 이렇게 오락가락인지, 옷 고르는 게 보통 일이 아니에요. 가끔 쌤도 엄마가 옷을 골라주던 때가 그리워요.

오늘의
단어   how 어떻게

응용
표현
How is it going?
어떻게 지내? (how are you와 같은 뜻이에요)

Fortune favors the bold.
- Publius Vergilius Maro

용감한 자에게 행운이 따른다.

- 푸블리우스 베르길리우스 마로

Happy Birthday!

생일 축하해!

어린이날은 모든 어린이의 생일과도 같죠? 이 문장을 언제 넣어줄까 고민하다가 모든 어린이가 축하받는 날에 소개하기로 정했어요. 어린이날과 여러분 각자의 생일 모두 지원쌤은 축하하고 싶어요♥ 사랑 듬뿍 받는 하루 보내길 바라요!

happy 행복한

I'm happy for you.
네가 잘 돼서 기뻐.

이번 주에 배운 표현을 복습해 볼까요?

☐ **That'll do.** 충분해.

☐ **I'm good at drawing.** 나는 그림을 잘 그려.

☐ **How much is it?** 이거 얼마예요?

☐ **It was a mistake.** 실수였어요.

☐ **It's not fair.** 불공평해요.

이번 주에 배운 표현을 복습해 볼까요?

☐ Sure thing. 물론이지.

☐ Tell me about it. 내 말이 그 말이야.

☐ It's sunny. 해가 쨍쨍해.

☐ How's the weather? 날씨가 어때?

☐ Happy Birthday! 생일 축하해!

It's not fair.

불공평해요.

친구들, 가족들이랑 있다 보면 왜 이렇게 불공평한 일이 자주 있는 건지 모르
겠어요. 어른들이 '인생은 원래 불공평한 거야~'라고 하시지만, 불공평하면
안 되는 거잖아요. 그래서 지원쌤은 항상 친구들을 공평하게 대하려고 노력
하고 있어요.

오늘의
단어

not ~이 아니다
fair 공평한, 타당한

응용
표현

Life is not always fair.
인생이 항상 공평한 것은 아니야.

Slow and steady
wins the race.
- Aesop

천천히 그리고 꾸준히 하면 이긴다.

- 이솝

It was a mistake.

실수였어요.

사람은 누구나 실수를 할 수 있어요. 심지어 어른도 실수를 하는 걸요. 중요한 건 실수를 한 후에 인정하고 사과하는 일이에요. 그다음으로는 같은 실수를 반복하지 않기 위한 반성과 다짐도 필요하고요. 그럼 우리 이 문장으로 스스로의 실수를 인정하고 사과해 볼까요?

 오늘의 단어

mistake 실수

 응용 표현

That was my mistake.
그건 제 실수였어요.

7th

I love you.

나는 너를 사랑해.

오늘은 재밌는 퀴즈를 하나 줄게요. '17171771' 이게 무슨 뜻이게요? 갑자기 무슨 숫자 암호냐고요? 부모님은 아실 수도 있어요. 힌트를 주자면, 숫자를 위아래로 뒤집어서 읽어보세요. 보이나요? 정답은 'I LUV U'입니다. 오늘의 문장을 숫자로 표현한 것이래요. 예전에 숫자로만 메시지를 전할 수 있던 때, 저렇게 로맨틱하게 숫자로 '사랑해'라고 말했대요. 어떻게 그런 생각을 했나 몰라요.

오늘의 단어

love 사랑하다

응용 표현

I love my family.
난 나의 가족을 사랑해.

How much is it?

이거 얼마예요?

꼭 알아야 하는 문장이죠! 갖고 싶은 물건을 그냥 들고 올 수 없으니까요. 물건을 살 때는 가격을 묻고 정확한 값을 치르는 일이 필요해요. 지원쌤은 갖고 싶은 게 많아서 이 문장을 참 자주 쓴답니다. 여러분은 어때요?

오늘의
단어

how much   얼마, 어느 정도

응용
표현

How much does it cost?
이거 가격이 얼마예요?

8th

What's up?

무슨 일이야?

"왓썹, 맨?" 이렇게 말하면서 포옹하고 인사를 나누는 모습을 본 적 있나요? 친근한 사이에서 나누는 안부 인사랍니다. '어이~' 하는 느낌의 인사예요. 경우에 따라서는 'What's going on?'처럼 '무슨 일인데? 얘기해 봐.'라는 뜻으로도 쓰여요.

오늘의
단어

what 무엇, 무슨

응용
표현

What's going on?
무슨 일인데?

I'm good at drawing.

나는 그림을 잘 그려.

지원쌤은 이 문장을 정말 말하고 싶었어요! 왜냐하면 그림을 잘 못 그리거든요. 하하. 머릿속으로 상상한 대로 그리면 분명 멋진 그림이 종이 위에 있어야 하는데 왜 상상과 현실은 다를까요?

be good at ~를 잘하다, 능숙하다
draw 그리다

I'm good at making my friends laugh.
나 친구들 웃기는 거 잘해.

9th

You know what?

그거 알아?

아침에 학교에 가니 난리가 났더라고요. 서로 소곤소곤 얘기하면서 '대박이 야, 대박!'하는데 너무 궁금한 거 있죠. 짝꿍한테 가서 슬쩍 물어봤더니 그러 는 거예요. '그거 알아? 하준이랑 소율이 사귄대!' 정말 놀라운 일이에요.

오늘의 단어

know 알다

응용 표현

I know that.
나 그거 알아.

21st

That'll do.

충분해.

지원쌤은 어렸을 때 인형 옷을 만들고 스티커로 꾸미는 걸 되게 좋아했어요.
그렇게 소중히 만들었더니 그 옷에 얼마나 애착이 가던지요. 이 스티커, 저
스티커 전부 끊임없이 붙여주고 싶은 거예요. 그렇게 점점 옷은 온 세상 색깔
로 가득해지고, 스티커 위에 스티커를 붙이는 지경에 이르곤 했어요. 그럼 옆
에서 엄마가 말씀하셨죠. "That'll do."

오늘의
단어

that 그것
will ~일 것이다
do 충분하다

응용
표현

That's my style.
그거 내 스타일이야.

Let's go outside!

밖으로 나가자!

밖에 날씨가 저렇게 좋은데 교실에만 있자니 몸이 근질근질해요. '아, 밖에서 잠깐만 놀다 오면 좋겠다.' 이런 생각을 하고 있을 때 쉬는 시간 종이 쳤어요. 신난다! 의자에서 벌떡 일어나서 외칩니다. '얘들아, Let's go outside!'

 오늘의 단어

Let's ~하자

 응용 표현

Let's **play a game!**
게임 하자!

We are what we repeatedly do. Excellence is not an act but a habit.
- Aristotle

우리가 반복적으로 하는 행동이 우리를 나타냅니다.

그래서 탁월함은 한 번의 행동이 아니라 반복되는 습관에서 나옵니다.

- 아리스토텔레스

I'm so tired.

난 너무 피곤해.

학교 끝나고 집에 왔는데, 오늘따라 왜 이렇게 피곤하죠? 매일 컨디션이 좋을 수는 없으니, 아프기 전에 잘 먹고 푹 쉬어야 해요. 물론 잠을 푹 자는 것도 빼놓을 수 없죠. 그러니 오늘은 좀 일찍 누워볼까요?

오늘의
단어

tired 피곤한

응용
표현

You look tired.
너 피곤해 보인다.

☐ Can I borrow your pen? 네 펜을 빌릴 수 있을까?

☐ Did you put up the Korean flag? 태극기 달았니?

☐ I'm rooting for you. 난 널 응원해.

☐ Which of you two is the elder one?

둘 중 누가 언니야?

☐ I'm interested in math. 나는 수학에 흥미가 있어.

☐ I love you. 난 널 사랑해.

☐ What's up? 무슨 일이야?

☐ You know what? 그거 알아?

☐ Let's go outside! 밖으로 나가자!

☐ I'm so tired. 난 너무 피곤해.

I'm interested in math.

나는 수학에 흥미가 있어.

지원쌤은 어렸을 때 수학을 별로 안 좋아했어요. 누가 어떤 과목을 좋아하냐고 물으면 항상 음악이나 영어라고 대답을 했답니다. 하지만 쌤의 제일 친한 친구는 수학을 제일 좋아한다지 뭐예요! 정말 신기했어요. 여러분은 어떤 과목을 좋아하나요?

 오늘의 단어

math 수학
be interested in ~에 흥미가 있다

 응용 표현

Math is interesting.
수학은 흥미롭다.

Actions speak louder than words.
- Abraham Lincoln

말보다 행동이 중요하다.

- 에이브러햄 링컨

Which of you two is the elder one?

둘 중 누가 언니야?

지원쌤은 두 살 차이나는 여동생이 있어요. 나이 차이도 별로 안 나고, 4학년쯤부터는 동생 키가 갑자기 커지면서 쌤의 키를 훌쩍 넘어버린 거 있죠? 그래서 더 많은 사람들이 물어봤어요. "아유~ 둘 중 누가 언니야?" 아니, 내가 언니라고요!

which 어느, 어떤
elder 나이가 더 많은
two 2, 둘

Which do you prefer?
어떤 걸 더 선호해?

Who farted?

누가 방귀 뀌었어?

오늘은 여러분들이 좋아할 만한 문장을 알려줄게요. 어디선가 냄새가 날 때 얘기할 수 있을 거에요. 방귀에는 fart 말고도 cut the cheese라는 재밌는 표현도 있어요. 치즈에서 구리구리한 냄새가 나서 그런 것 같아요. 영어로 말하는 것은 좋지만 이 말을 친구를 놀릴 때 사용하면 안 돼요.

오늘의
단어

who 누구
fart 방귀를 뀌다

응용
표현

Who was it?
누구였어?

I'm rooting for you.

난 널 응원해.

root는 뿌리라는 뜻이에요. '널 위해서 네가 있는 곳에 발을 뿌리처럼 단단히 박아두고, 그 어떤 것에도 흔들리지 않으며 응원할게!'라는 감동적인 의미가 숨어있답니다. 쌤은 여러분 한 명 한 명에게 이런 마음이랍니다. 진심으로요. "I'm rooting for you."

오늘의 단어

root 뿌리, 뿌리내리다
for ~위해

응용 표현

Which team are you rooting for?
넌 어느 팀을 응원하니?

I appreciate it.

감사합니다.

학교에서 사랑으로 여러분을 살펴주시는 선생님께 오늘 이렇게 말해보면 좋겠어요. 'Thank you'와 같은 뜻인데 좀 더 고급스럽고 정중한 표현이랍니다. 어른께 고마움을 표현할 때 쓰기 참 좋아요. Thank you만 쓰는 친구들 앞에서 이 문장을 딱 써주면 고급 영어 클래스를 보여줄 수 있겠죠?

 오늘의 단어 appreciate 감사하다, 인정하다

 응용 표현 **That means a lot to me.**
저에게 큰 의미에요.

Did you put up the Korean flag?

태극기 달았니?

8월 15일은 우리나라 역사에서 가장 기쁜 날 중 하나예요. 일제강점기를 벗어나 나라를 되찾은 날이니까요. 가능하다면 집에 태극기를 다는 게 좋겠죠? 우리 선조들이 어렵게 찾은 평화와 자유를 상징하는 태극기를 많이 사랑해 주기!

put up ~를 올리다, 달다
Korean 한국의, 한국인의
flag 깃발

I put up my umbrella.
나는 우산을 폈다.

16th

Can you help me?

저 좀 도와주실 수 있나요?

지원쌤이 영어 수업을 할 때 어린이 친구들에게 제일 많이 들었던 문장이 이거예요. 종이접기나 만들기, 요리 수업에서 한 단계 나갈 때마다 여기저기서 손들고 선생님께 도움이 필요하다고 이야기했거든요. 여러분도 도움이 필요할 때는 이렇게 말하면 돼요.

 오늘의 단어

help 도와주다.

응용 표현

I can help you.
내가 널 도와줄 수 있어.

Can I borrow your pen?

네 펜을 빌릴 수 있을까?

필통에 발이 달렸는지, 펜에 발이 달린 건지, 펜이나 지우개는 왜 그렇게 찾으면 없는지 모르겠어요. 수시로 말하게 되고 듣게 되는 문장이죠. '나 ~좀 빌려줘.' 깜빡했을 때는 친구에게 잠깐 빌릴 수 있지만 다 쓰고 나면 꼭 돌려주어야 한다는 것을 기억하세요.

borrow 빌리다
pen 펜

Can I borrow your eraser?
내가 네 지우개를 빌릴 수 있을까?

I got it.

이해했어요.

쉽게 생각하면 OK예요. 이해했다, 알아들었다는 뜻입니다. 원어민 친구들이 제일 많이 쓰는 말 중 하나예요. 친구들이 '네, 오케이, 알겠어.' 이런 말을 진짜 자주 하듯이요.

지원쌤의 Tip 여기서 get의 과거형인 got을 쓰는 이유는 우리가 이해하려면 상대방의 말이 먼저 있어야 하기 때문이에요.

오늘의 단어
it 그것
got (get의 과거형) 이해하다

응용 표현
I don't get it.
전 이해하지 못했어요.

You can't judge a book
by its cover.

겉모습만 보고 속을 판단하지 마라.

I saw you yesterday.
나 어제 너 봤어.

어제 횡단보도를 지나면서 친구를 봤는데 인사를 못 했어요. 신호가 순식간에 지나가 버렸거든요. 멀리서 부르고 싶었지만 사람들이 많은데 소리치기는 좀 부끄러웠어요. 그래서 오늘 학교에 가자마자 이야기하려고요. '나 너 어제 봤어!'

오늘의 단어

yesterday 어제
saw see(보다)의 과거형

응용 표현

I saw a movie yesterday.
나 어제 영화를 봤어.

이번 주에 배운 표현을 복습해 볼까요?

☐ Do you want to come over? 너 놀러 올래?

☐ I'm sweating buckets. 나 진짜 땀 많이 난다.

☐ It's neck and neck. 막상막하야.

☐ I'm flattered. 과찬이세요.

☐ She left me on read. 걔가 내 메시지 읽고도 답장 안 해.

이번 주에 배운 표현을 복습해 볼까요?

□ Who farted? 누가 방귀 뀌었어?

□ I appreciate it. 감사합니다.

□ Can you help me? 저 좀 도와주실 수 있나요?

□ I got it. 이해했어요.

□ I saw you yesterday. 나 어제 너 봤어.

She left me on read.

걔가 내 메시지 읽고도 답장 안 해.

방학이라 친구들과 주로 메신저로 연락하는데요. 며칠 전에 윤지한테 보낸 메시지에 아직도 답장이 안 왔어요. 혹시 알람이 안 울렸나 하고 확인해보니 읽음 표시가 뜨네요. 지금 윤지가 내 메시지를 읽고도 답장을 안 한 거예요? 너무해! 아니면 답장을 하지 못할 무슨 일이 있었을까요? 윤지는 답장을 왜 안했을까요?

오늘의 단어

leave 내버려두다
read 읽다, 읽기

응용 표현

Don't leave me on read.
메시지 읽기만 하고 놔두지 마.

Treat others the way
you want to be treated.

네가 대접받고 싶은 대로 남을 대우해라.

I'm flattered.

과찬이세요.

누군가 칭찬을 해줬을 때, 겸손하게 답하는 문장입니다. '칭찬을 너무 격하게 해주셔서 제가 스스로 잘난 줄 착각하게 되는걸요. 제가 그 정도는 아닌 것 같지만 좋게 봐주셔서 감사합니다.'를 짧게 말하는 굉장한 표현이에요.

오늘의 단어

be flattered
잘난 줄 착각하게 만들다

응용 표현

You're being humble.
겸손하시네요.

21st

Where do you live?

넌 어디에 살아?

처음으로 윤서네 집에 놀러 가게 된 하율이. 하율이는 윤서네 집에 항상 가보
고 싶었어요. 윤서가 강아지를 키우거든요. 하율이는 아빠랑 같이 윤서에게
줄 선물을 사고, 설레는 마음으로 물어봅니다. 윤서야, 넌 어디에 살아? 내가
어디로 가면 될까?

where 어디
live 살다

Where are you?
넌 어디에 있니?

It's neck and neck.

막상막하야.

해석을 해보면 '이것은 목과 목이야'라는 이상한 뜻이잖아요. 그런데 왜 막상막하냐면 이 표현이 경마에서 왔기 때문이에요. 경주에서 말이 달릴 때 실력이 막상막하면 결승선에서 말의 목의 위치가 비슷해서 선두를 가리기 어렵거든요. 그런 상황에서 나온 말이에요.

 오늘의 단어

neck 목

 응용 표현

They are neck and neck in the race.
그들은 앞서거니 뒤서거니 달리고 있어요.

I live in Seoul.

나는 서울에 살아.

하율이가 윤서를 집으로 초대했어요. '나는 서울특별시 OO구 OO아파트 OO호에 살아!' 부산에서 나고 자란 하율이는 서울 방문이 설레고 기대됩니다. 서울에는 바다가 없다고 하던데! 경복궁이랑 N서울타워는 꼭 가보고 싶어!

오늘의 단어

in ~안에

응용 표현

She lives in Busan.
그녀는 부산에 산다.

I'm sweating buckets.

나 진짜 땀 많이 난다.

이렇게 날이 푹푹 찌는데 여름에 외출하는 일은 정말 쉽지 않아요. 지원쌤은 땀이 많은 편이라 이 표현을 자주 쓴답니다. bucket은 양동이인데, '양동이를 여러 개 채울 만큼 땀을 흘리고 있다'는 뜻에서 비롯된 표현이랍니다.

 오늘의 단어
sweat 땀, 땀을 흘리다
bucket 양동이, 버킷

 응용 표현
I'm sweating over the project.
그 수행평가 때문에 진땀이 난다.

Watch out!

조심해!

수진이가 횡단보도에서 핸드폰을 하다가 길을 건너려고 하는데 뒤에서 'Watch
out!' 하고 소리쳤어요. 놀라 고개를 들어보니 이미 신호등이 빨간불로 바뀌어
있었어요. 하마터면 건널 뻔했지 뭐예요. 횡단보도 앞에서는 항상 조심해야
해요.

 **오늘의
단어**   **watch** 보다, 손목시계

 **응용
표현**   **Watch your step.**
발 조심해

Do you want to come over?

너 놀러 올래?

방학이라 친구들을 못 본 지 좀 되기도 했고, 심심해서 친구를 집으로 초대해서 같이 놀고 싶다고 엄마를 졸랐어요. 그랬더니 엄마가 숙제를 다 하면 친구를 불러도 좋다고 하셔서 숙제를 열심히 끝냈어요! 이제 친구에게 전화할 시간이에요. "Do you want to come over?"

오늘의
단어

want 원하다
come over 누구의 집에 들르다

응용
표현

Can I come over?
내가 놀러 가도 돼?

Going down?

내려가세요?

지하 1층에 가기 위해 엘리베이터를 탔습니다. 쭉 내려가다가 1층에서 문이 열렸어요. 사람들이 많이 내렸어요. 어라? 근데 사람들이 다시 타기 시작해요. 이 엘리베이터는 내려가는데? 그럴 때 쓸 수 있는 생활밀착형 문장이에요. '내려가세요? 이거 내려가요.'

 오늘의 단어

down 내려가다

 응용 표현

Let's go down the stairs.
우리 계단으로 내려가자.

Time is absolutely relative.

시간은 상대적이다.

Don't worry.

걱정하지 마.

지원쌤이 어릴 때 친구네 집에 놀러 갔는데 친구가 강아지를 키웠어요. 쌤은 강아지가 무서워서 다가가지 못하고 가만히 있었거든요. 그랬더니 옆에서 친구가 말해줬어요. '걱정하지마. 우리 강아지는 안 물어.'라고요. 그래서 가만히 앉아있었더니 강아지가 먼저 다가와 주었답니다. 그때부터 강아지가 더는 무섭지 않게 되었어요.

오늘의
단어

Don't ~하지 않다

응용
표현

Don't be upset.
화내지 마.

이번 주에 배운 표현을 복습해 볼까요?

- [ ] It's up to you. 너한테 달렸어.

- [ ] What month is it? 몇 월이야?

- [ ] Be careful. 조심해.

- [ ] That makes sense. 일리 있어.

- [ ] It's way too hot. 지나치게 덥다.

Give me a hug.

안아주세요.

여러분 그거 알아요? 포옹에는 힘이 있어요. 서로 꼭 안아주면 몸이 따뜻해지고, 서로 믿음이 생긴답니다. 또 긴장은 낮춰주고 자신감을 높여주고 몸에서 행복 호르몬이 더 많이 나오게 한대요. 오늘은 부모님께 안아달라고 해보세요. 포근하고 행복해질 거예요.

 오늘의 단어

give 주다
hug 안다, 포옹

 응용 표현

Let me give you a hug.
내가 널 안아줄게.

It's way too hot.

지나치게 덥다.

한낮 최고 기온 35도. 오후 2시쯤 길을 나서면 자동으로 튀어나오는 말이죠. 진짜 더워도 너무 더운 게 아닌가 싶을 때 too hot 앞에 way를 붙여서, way too hot이라고 해보세요. 의미를 더욱 강조하는 표현이에요. 원어민 친구들이 "너 미국에서 살았어?"라고 할지도 몰라요.

오늘의 단어

way 길, 훨씬
hot 뜨거운, 더운

응용 표현

It's so humid.
진짜 습하다.

이번 주에 배운 표현을 복습해 볼까요?

☐ Where do you live? 넌 어디 살아?

☐ I live in Seoul. 나는 서울에 살아.

☐ Watch out! 조심해!

☐ Going down? 내려가세요?

☐ Don't worry. 걱정하지 마.

☐ Give me a hug. 안아주세요.

That makes sense.

일리 있어.

쌤의 학생 중 한 명이 영어단어 시험을 보는데 기억이 나지 않았나 봐요. 그래서 아주 참신한 답을 적어냈지 뭐예요.

monkey 원숭이 monk 수도승

monk 원숭

몽키에서 ey가 빠지니 원숭이라고 적은 거예요. 이 답을 보고 쌤은 한참 웃었답니다. 'That makes sense.' 하지만 틀린 건 틀린 거죠!

오늘의 단어

that 저, 저것
make sense 말이 되다

응용 표현

It doesn't make sense at all.
그건 전혀 말이 되지 않아.

You are what you eat.

식습관이 그 사람을 만든다.

Be careful.

조심해.

8월에는 날이 더우니 물놀이를 가는 친구들 많죠. 물놀이에서 제일 중요한 것은 안전이에요. 수영장이든 계곡이든 바닷가든 다치지 않게 Be careful! 너무 흥분하지 말고 안전 수칙 지키면서 놀기로 해요. 약속!

오늘의 단어

careful 조심하는, 주의 깊은

응용 표현

Be careful not to step on any fragments.
파편 밟지 않게 조심해라.

What time is it?

몇 시야?

학교에서 제일 기다려지는 건 쉬는 시간과 점심시간이죠. 근데 그거 알아요? 어른들도 그래요. 부모님과 선생님도 쉬는 시간과 점심시간을 참 좋아한답니다. 아, 퇴근 시간도 좋아해요. 여러분들이 하교 시간을 좋아하는 것처럼요.

 오늘의 단어

time 시간

 응용 표현

What time do you get up?
몇 시에 일어나니?

What month is it?

몇 월이야?

눈 깜짝할 사이에 벌써 8월이에요. 8월은 영어로 August죠. 혹시 아직 1월부터 12월이 영어로 뭔지 헷갈리는 친구들은 오늘 맘 잡고 외워봅시다. 자 1월부터 시작!

지원쌤의 Tip

1월 January | 2월 February | 3월 March | 4월 April | 5월 May | 6월 June |
7월 July | 8월 August | 9월 September | 10월 October | 11월 November |
12월 December

오늘의 단어

month 월

응용 표현

We're moving house next month.
우리는 다음 달에 이사를 간다.

30th

It's six o'clock.

6시 정각이야.

o'clock이 꽤 특이한 모양으로 생겼죠? 정각을 표현하는 단어로 시간을 강조하고 싶을 때 쓸 수 있어요. 친구들 영어로 숫자 1부터 12까지 다 셀 수 있죠? 숫자 뒤에 o'clock만 붙여주면 된답니다.

오늘의 단어

six 6, 여섯
o'clock 정각

응용 표현

It's twelve o'clock.
12시 정각이야.

August

8월

Look on the bright side!

긍정적으로 생각하자!

dark side는 어두운 면, bright side는 밝은 면이에요. 밝다는 건 긍정적이라는 의미와 연결된답니다. 그래서 이런 표현이 나왔어요. 혹시 친구랑 싸워서 힘든가요? 긍정적으로 생각해 봐요. 이번에 친구와 갈등을 잘 해결하고 화해한다면 더 돈독하고 깊은 우정을 쌓게 될 거예요.

 오늘의 단어

look 보다
bright 밝은
side 면

 응용 표현

I like bright colors.
나는 밝은색이 좋아.

It's up to you.

너한테 달렸어.

여름방학을 하며 계획했던 일은 잘 지키고 있나요? 계획표를 벌써 방구석 어딘가로 날려버린 건 아니죠? 계획은 세우기 위한 것이 아니라 실행하기 위한 것이라는 걸 기억하기로 해요. 방학을 잘 보내느냐 아니냐는 여러분에 게 달렸답니다. "It's up to you!"

오늘의
단어

up to ~에 달리다

응용
표현

It depends on the situation.
그건 상황에 따라 달라요.

June

6월

You are braver than you believe, you are stronger than you seem, and you are smarter than you think.

- Winnie-the-Phoo

너는 네가 믿는 것보다 용감하고, 네 겉모습보다 강하고,

네 생각보다 똑똑하단다.

- 곰돌이 푸

I need to put on sunscreen.

나 선크림 발라야 해.

여름이 왔어요. 우리의 피부를 자외선으로부터 지키려면 365일 선크림을 발라주는 게 좋대요. 뜨거운 햇빛에 소중한 피부가 빨갛게 타고, 쓰라리고, 껍질이 벗겨지는 일을 막기 위해서 여름에 선크림은 선택이 아닌 필수랍니다.

put on 옷을 입다, ~에 바르다
sunscreen 선크림

You need to put on a jacket.
너 외투 입어야겠다.

☐ Where is the bus stop? 버스 정류장이 어디인가요?

☐ You can count on me. 나만 믿어.

☐ I mean it. 진심이야.

☐ I owe you. 네게 신세를 졌어.

☐ Let's get going. 이제 시작해 보자.

My shirt is soaked.

내 셔츠가 흠뻑 젖었어.

여러분은 더운 여름날에 있는 체육 시간을 좋아하나요? 쌤은 체육 시간은 좋아했지만 한편으로는 두려웠어요. 땀이 많은 편이라 조금만 뛰어도 옷이 땀 범벅이 되어버렸거든요. 찝찝하고 땀냄새가 나지 않을까 걱정했던 기억이 있어요. 그래도 체육 시간은 정말 즐거웠어요!

오늘의 단어

shirt 셔츠
be soaked 흠뻑 젖다

지원쌤의 Tip soak는 흡수하다 | be soaked는 흡수당하다 → 흠뻑 젖다

응용 표현

Her skirt is soaked because of the heavy rain.
그녀의 치마가 쏟아지는 비 때문에 흠뻑 젖었어.

Let's get going.

이제 시작해 보자.

친구들과 모여서 과제를 해본 적 있나요? 또는 친구들과 운동을 함께해 본 적 있어요? 중간에 지치면 잠시 쉬기도 하고요. 한참 즐겁게 쉬다가 일을 다시 시작해야 할 때, 이렇게 말합니다. 'Let's get going!'

오늘의 단어 **get going** 시작하다, 출발하다

응용 표현 **It was a total success from the get-go.**
시작부터 대성공이었어. (success 성공 get-go 시작)

이번 주에 배운 표현을 복습해 볼까요?

□ What time is it? 몇 시야?

□ It's six o'clock. 6시 정각이야.

□ Look on the bright side! 긍정적으로 생각하자!

□ I need to put on sunscreen. 나 선크림 발라야 돼.

□ My shirt is soaked. 내 셔츠가 흠뻑 젖었어.

I owe you.

네게 신세를 졌어.

여러분은 친구에게 정말 고마웠던 적이 있나요? 그렇게 고마운 일이 있으면 어떻게 하나요? 진심으로 감사의 인사를 전하기도 하고, 때로는 선물을 주거나 다음에 똑같은 도움을 주겠다고 약속하기도 하죠. 이 표현에는 그 마음이 모두 담겨있답니다.

 오늘의 단어

owe 빚지다

 응용 표현

You owe me this.
너 나한테 신세 진 것이 있으니 이건 해 줘야 해.

I am big, I am brave, I am beautiful/ handsome.

나는 대단하고, 나는 용감하고, 나는 아름답다/멋있다.

I mean it.

진심이야.

친구와 놀러 나가려는데 부모님이 숙제 먼저 다 하고 나가래요. 친구는 내가 나오길 기다리고 있는데 말이에요. 어떻게 할까요? 쌤이라면 이렇게 할 것 같아요. "이따 돌아오자마자 바로 할게요. I mean it." 강조할 때나 약속할 때 쓸 수 있는 표현이에요.

오늘의
단어

mean 뜻하다

응용
표현

I didn't mean it.
진심이 아니었어.

It was a nightmare.

최악이었어.

그냥 나쁜 게 아니라 정말로 안 좋았다는 뜻이에요. nightmare는 악몽인데요. 이부자리가 축축해질 만큼 온몸에 식은땀이 나는 무서운 꿈을 nightmare라 고 말해요. '이렇게 끔찍할 리 없어. 이건 악몽이야!' 얼른 잠에서 깨고 싶을 정 도로 나쁜 꿈 같은 힘든 하루를 보냈을 때 쓸 수 있는 말이랍니다.

 오늘의 단어   nightmare 악몽

 응용 표현   **It was the best day of my life.**
내 인생 최고의 날이었어.

You can count on me.

나만 믿어.

서연이와 재준이가 길을 함께 걷고 있어요. 그런데 갑자기 서연이가 여기가 어딘지 모르겠다는 거예요. 아까 분명히 걸어왔던 길을 돌아가는 건데도 헷갈리나 봐요. 다행히 재준이가 대답해요. '나를 따라오면 돼. You can count on me.'

오늘의
단어

count on 믿다, 의지하다, 확신하다

응용
표현

I'm counting on it.
그것만 믿고 있어. 그게 될 거라고 확신해.

We had a blast.

우리는 정말 좋은 시간을 보냈어.

보통 정말 좋은 시간을 'very good time'으로 표현해요. 이걸 한 단어로
blast(폭발)라는 단어로 말해요. 하늘을 멋지게 수놓는 불꽃이 팡팡 터지고
신나는 음악이 나오는 축제를 떠올려봐요. 정말 즐거운 시간이겠죠?

 오늘의 단어

had have(가지다)의 과거형
blast 폭발, 신나는 경험

 응용 표현

We had a very good time.
우리는 정말 좋은 시간을 보냈어.

Where is the bus stop?

버스 정류장이 어디인가요?

요즘은 많은 사람들이 스마트폰을 사용하고 길도 실시간으로 내 위치를 확인하면서 편하게 찾을 수 있죠. 하지만 쌤이 초등학생이던 때에는 스마트폰이 없었어요. 뭐라고요? 너무 놀라진 말아요. 쌤 그렇게 나이 안 많아요! 그래서 예전에는 지도를 들고 주변 사람들에게 물어가면서 길을 찾았답니다.

 오늘의 단어

where 어디
bus 버스
stop 멈추다, 정거장

 응용 표현

It's across the street.
길 건너에 있어요. (across 건너서)

I really want
a new smartphone.

나는 정말로 새 스마트폰이 갖고 싶어.

지원쌤은 벌써 보여요. 오늘 요 달력을 딱 넘기는 순간 여러분은 엄마 아빠를 향해 아주 크게 외칠 거예요. "I really want a NEW SMARTPHONE!" 영어 문장도 외치고 부모님께 소원 어필도 하고 일석이조네요. 그런 김에 한 번 더 외쳐볼까요?

오늘의
단어

really 정말, 진짜로
new 새로운
want 원하다

응용
표현

I really want a new doll.
난 정말 새 인형이 갖고 싶어.

마음에 힘을 더하는 한 마디

A day without laughter is a day wasted.

한 번도 웃지 않고 하루를 보내는 것은
그날 하루를 낭비하는 것이다.

Pack some lunch.

점심 도시락 챙겨.

우리는 학교에서 급식을 먹지만 미국 친구들은 다르대요. 절반 정도는 학교 내에 있는 식당인 카페테리아에서 사 먹고, 절반 정도는 집에서 점심 도시락을 챙겨온다고 해요! 신기하죠? 매일 점심 도시락을 싸고 챙기는 것도 일이겠어요.

pack 싸다, 포장하다
lunch 점심 식사

My dad cooked me lunch.
우리 아빠가 나에게 점심을 만들어주셨어.

이번 주에 배운 표현을 복습해 볼까요?

☐ I'm baking. 더워서 못 살겠어!

☐ I can't stand it. 못 참겠어.

☐ Tidy up. 정리정돈 해.

☐ It's itchy. 따끔거려.

☐ I'll be right back. 금방 올게.

9th

Nailed it.

제대로 딱 맞게 했다.

여러분 엄마가 네일아트를 한 것을 본 적 있나요? 네일(nail)에는 손톱이라는 뜻 말고도 '못을 박다'라는 의미가 있어요. 못을 제자리에 딱 박으면 어떤 느낌이 들까요? 원하던 대로 잘 되면 기분이 정말 좋잖아요. 딱 맞게 떨어질 때의 쾌감에서 생겨난 표현이라고 생각하면 외우기 쉬워요.

오늘의
단어

nail 손톱, 못을 박다

응용
표현

You nailed that speech.
너 발표 진짜 완벽하게 잘했어.

I'll be right back.

금방 올게.

쌤이 강아지와 함께 살고 있어요. 강아지와 단둘이 산책을 하다가 너무 목이 말라 스무디를 한 잔 마시고 싶었어요. 그런데 카페 안으로 강아지가 들어갈 수 없더라고요. 그래서 문 앞에 끈을 잠시 묶어두고 이렇게 말했어요. 'I'll be right back!' 주문만 하고 2분 안에 올게!

오늘의 단어

I'll ~할 거야.
right 오른쪽, 옳은, 곧바로

응용 표현

I'll do it right now.
지금 당장 할게.

☐ It was a nightmare. 최악이었어.

☐ We had a blast. 우리는 정말 좋은 시간을 보냈어.

☐ I really want a new smartphone.

나는 진짜 새 스마트폰이 갖고 싶어.

☐ Pack some lunch. 점심 도시락 챙겨.

☐ Nailed it. 제대로 딱 맞게 했다.

20th

It's itchy.

따끔거려.

간질간질~ 웃음이 나오는 가려움 말고, 따끔거리고 불편한 가려움을 느껴 보신 적 있나요? 모기에게 물렸을 때나 까슬거리는 스웨터를 입었을 때처 럼 말이에요. 쌤의 친구는 햇빛 알레르기가 있어서 햇빛을 많이 쬐면 피부 가 가렵대요. 'It's itchy!'

 itchy 가려운, 따끔거리는

 This is for itchy skin.
이것은 가려운 피부를 위한 거예요. (skin 피부)

If you want to go fast, go alone. If you want to go far, go together.

빨리 가고 싶다면 혼자 가라. 멀리 가고 싶다면 함께 가라.

Tidy up.

정리정돈 해.

자원쌤은 어렸을 때부터 손으로 만지고, 뭔가 만들어내는 것을 좋아했어요. 재료를 자르고, 붙이고, 주무르고, 칠하고, 멋진 작품을 만들어내고 나면 이 것을 할 시간이 와요. 선생님이나 부모님께서 하시는 말 한 번 쯤 들어봤을 거예요. 'Tidy up! 이제 정리정돈 해.'

오늘의
단어

tidy 깔끔한, 정돈하다

응용
표현

Clean up your mess.
네가 어지럽힌 것을 깨끗하게 정리해.

12th

I'm so excited.

나 정말 신나.

다은이는 학교 가기 전부터 콧노래를 흥얼거리고 있어요. 오늘 학교에 마술 공연 팀이 오거든요! 다은이는 마술쇼를 직접 보는 게 처음이라 어제부터 유튜브로 마술 트릭을 잔뜩 찾아봤답니다. 다은이가 현관을 나서며 외쳐요. '나 정말 신나! I'm so excited.'

오늘의 단어

so 정말, 너무
excited 신이 난, 들뜬, 흥분한

응용 표현

I'm so busy.
나 정말 바빠.

I can't stand it.

못 참겠어.

자기 방 정리 잘 안 하는 사람 손~? 이것 저것 재미있는 장난감을 꺼내어 놀다가, 책도 읽다가, 과자도 먹다가, 하다보면 방이 어질러지는 건 한 순간이죠. 그렇게 방을 안 치우고 두면 부모님이 들어오셔서 이렇게 말씀하실 거예요. 'I can't stand it anymore! 이게 사람 방이니 돼지 우리니!'

 오늘의 단어

stand 서다, 견디다

 응용 표현

Stand back.
물러서. (back 뒤)

Are you kidding me?

장난해?

상대방의 말 혹은 행동이 놀랍거나 믿기 어려울 때 써요. 또 불쾌한 말을 들었을 때도 쓸 수 있답니다. 만약 친구가 이렇게 말했다면 신중하게 답해야해요. 확실히 농담이라는 것을 알려주거나 혹은 기분이 상할 만한 말을 했다면 사과해야 한답니다.

kidding(=joke) 농담하는

Just kidding.
농담이야.

I'm baking.

더워서 못 살겠어!

여러분은 어떤 계절을 가장 좋아하나요? 예쁜 꽃들을 볼 수 있는 봄? 바다에 몸을 풍덩 담글 수 있는 여름? 알록달록 낙엽이 아름다운 가을? 춥지만 눈이 포근함을 주는 겨울? 여름의 더위가 견디기 힘든 사람은 이렇게 말하겠죠. 더워 죽을 것 같아! 쪄 죽겠어! 그럴 때 말합니다. 'I'm baking here.'

오늘의 단어

bake (오븐에) 굽다

응용 표현

I'm baking a cheese cake.
난 치즈 케이크를 굽는 중이야.

14th

Look! Up in the sky!
It's an airplane.

봐! 하늘 위에! 비행기야.

지원쌤은 어릴 때 구름을 보면서 모양을 맞추고 이름을 지어주는 걸 좋아했어요. '저건 토끼 구름이야, 저기 하트 구름 있다!' 하고요. 그렇게 구름을 보다 보면 하늘을 가로지르는 긴 하얀 선이 보였어요. 쌤이 '꼬리 구름'이라고 부르니까 부모님이 비행기가 지나간 자국이라고 알려주셨던 기억이 나요.

오늘의
단어

up 위에
sky 하늘
airplane 비행기

응용
표현

Look! It's a cow!
봐! 이건 소야!

When life gives you lemons, make lemonade.

인생에 어려움이 닥쳤을 때, 오히려 그걸 기회로 활용해라.

15th

I'm stuffed.

나 배불러.

엄마가 오늘 저녁에 근사한 뷔페에 갈 거니까 점심은 가볍게 먹으라고 하셨어요. 그래서 점심을 가볍게 먹고 만반의 준비를 마쳐두었죠. 부푼 기대를 안고 뷔페에 들어가니 우와~ 정말 맛있는 게 많아요! 정신없이 먹다 보니 벌써 세 그릇째예요. '아, 이제 한계야. 나 배불러.'

 오늘의 단어

stuffed(=full) 배가 너무 부른

 응용 표현

I'm full. I can't eat anymore.
저 배불러요. 더는 못 먹겠어요.

이번 주에 배운 표현을 복습해 볼까요?

☐ I can't wait. 너무 기대돼.

☐ You should join us! 같이 하자!

☐ I have butterflies in my stomach. 긴장되고 떨려.

☐ I'm over it. 됐어, 잊었어.

☐ I'm going to visit my aunt. 난 이모네 집을 방문할 거야.

I agree with you.

난 네 말에 동의해.

'내가 너의 의견에 동의해. 너의 말을 잘 이해하고 있어.'라는 것을 표현하는 것도 좋은 의사소통의 방식이에요. 나와 다른 생각을 하는 친구가 있더라도 친구의 의견이 일리가 있을 때는 동의한다는 것을 이야기해 주는 것도 좋겠죠?

오늘의 단어   **agree** 동의하다

응용 표현   **I think you're right.**
내 생각엔 네가 맞는 것 같아.

I'm going to visit my aunt.

난 이모네 집을 방문할 거야.

까야, 기다리던 방학이 코앞이예요. 여름방학 계획들 세우고 있나요? 쌤은 'I'm going to travel South America!' 라고 대답하고 남아메리카 여행을 가고 싶지만 실제로는 아마도 여러분에게 도움이 될 새로운 책을 쓸 것 같네요! 'I'm going to write a new book!'

오늘의 단어

I'm going to~ 난 ~할 거야.
aunt 이모, 고모, 숙모

응용 표현

What are you going to do during summer vacation?
넌 방학동안 뭐 할 거야? (during ~동안)

☐ I'm so excited. 나 정말 신나.

☐ Are you kidding me? 장난해?

☐ Look! Up in the sky! It's an airplane.

봐! 하늘 위에! 비행기야.

☐ I'm stuffed. 나 배불러.

☐ I agree with you. 난 네 말에 동의해.

I'm over it.

됐어, 잊었어.

엄청나게 마음을 쓰던 일을 더 이상 신경 쓰지 않게 될 때가 있죠? 정말 아끼던 인형을 하수구에 빠뜨려 주울 수 없게 되었을 때. 손꼽아 기다렸던 드라마의 결말이 내가 원하는 방향이 아니었을 때. 좋아하는 친구가 나에게 상처를 주었을 때. 많이 속상하죠. 하지만 시간이 조금 지나면 말하게 될 거예요. 'I'm over it!'

오늘의 단어　　over (덮듯이) 위에, 넘어

응용 표현　　**It's over.** 다 끝났어.
　　　　　　　Get over it. 잊어버려.

Time heals all wounds.

시간은 모든 상처를 낫게 한다.

· July ·

12th

I have butterflies in my stomach.

긴장되고 떨려.

너무너무 긴장되는 순간, 배가 간질간질하거나 속이 울렁거리는 느낌을 받아본 적 있나요? 지금은 여러분 앞에 서는 것이 즐거운 지원쌤이지만 어렸을 때는 남들 앞에 서는 게 어려웠던 적도 있었어요 처음으로 수십 명 앞에서 노래를 불러야 했던 학예회 날, 무대에 오르기 전에 마치 뱃속에서 나비들이 날아다니는 것처럼 기분이 이상하고 속이 편치 않았어요

오늘의
단어

butterfly 나비
stomach 배, 위

응용
표현

I'm so nervous.
너무 긴장돼.

The camera really loves you.

너 사진발 진짜 잘 받는다.

들으면 왠지 흐뭇해지는 말이죠. 사진과 영상 촬영이 일상적인 시대에 사진발이 잘 받는 건 축복이라고요! 위 문장을 그대로 해석하면 하면 '카메라가 널 정말 사랑한다'인데, 원래 사랑하는 사람은 세상에서 가장 예쁘고 멋져 보이잖아요. 그래서 나온 표현이에요.

오늘의 단어
camera 카메라
love 사랑하다

응용 표현
I paid 800$ for the camera.
나는 그 카메라를 구매하는데 800달러를 냈다.

You should join us!

같이 하자!

친한 친구들끼리 그룹을 만들어본 적 있나요? 쌤은 성격이 잘 맞는 친구 서너 명이 모여 그룹 이름을 짓기도 했는데요. 친구의 성을 따서 '양파'라고 지었었답니다. 그리고 새로운 친구와 친해질 때마다 그룹에 초대하기도 했어요. '너도 우리 양파에 들어올래? You should join us!'

join 함께하다, 가입하다

Can I join you?
같이 해도 돼?

I want to be a doctor.

나는 의사가 되고 싶어.

지원쌤은 유치원 때부터 의사가 되고 싶었어요. 그런데 고등학생이 되고 대학생이 되니 꿈이 계속 바뀌더라고요. 여러분은 어떤가요? 하고 싶은 일이 많아서 무엇이 되어야 할까 고민이 되나요? 걱정하지 마세요. 여러분이 원하는 일을 다 해낼 수 있을 거예요!

 오늘의 단어

doctor 의사

 응용 표현

I want to become a police officer.
나는 경찰관이 되고 싶어.

I can't wait.

너무 기대돼.

무언가를 정말 설레는 마음으로 기다려본 적 있나요? 아마도 여름방학을 기다리고 있겠죠? 쌤은 어렸을 때 방학이 다가오면 매일 달력에 x자를 그리며 남은 날을 세어가면서 손꼽아 기다렸던 것 같아요. 너무나 기다려질 때, 기다리기가 싫잖아요! 지금 당장 그 날이 오면 좋겠다는 생각이 들고요! 그 마음을 담아 말하면 돼요. 'I can't wait!'

can't 할 수 없다
wait 기다리다

Can't you wait for me?
날 기다려줄 수 없어?

Do you have time?
시간 여유 있으세요?

주의!! 이 문장 정말 많은 친구들이 실수해요. 언뜻 보면, '시계 있어? 몇 시인지 알아?'라는 뜻일 것 같은데요. 전혀요. 데이트 신청을 하는 말에 가까워요. 'Do you have time? 시간 있으시면 저랑 차 한잔 하실래요?' 이렇게 되어버리는 거라고요. 그럼 진짜 몇시인지 알고 싶다면 응용 표현을 기억해 주세요. 어딘가에 the가 붙어요.

time 시간, 횟수

Do you have the time?
지금 몇 시인지 아세요?

You are never too old to set another goal or to dream a new dream.

- C.S. Lewis

다른 목표나 새로운 꿈을 꾸는 데에 늦은 때란 없다.

-C.S. 루이스

22nd

It fits!

딱 맞아!

할머니가 새 옷을 사주셨어요. 엄마는 옷을 살 때마다 더 자랄 거라고 매번 조금 큰 사이즈를 사야 한다고 하시거든요. 접어서 입지 않아도 옷이 잘 맞아서 기분이 좋아요. 할머니께 감사하다고 말해야겠어요.

fit 꼭 맞다, 적합한

That T-shirt fits well.
그 티셔츠 잘 맞는다.

☐ Do you mind opening the window?

창문 열어도 괜찮겠어?

☐ How was your 4th of July? 독립기념일에 어땠어?

☐ How much did you eat? 너 얼마나 먹었니?

☐ I was invited to my neighbor's birthday party.

나 이웃의 생일파티에 초대받았어.

☐ I got sunburnt. 나 너무 탔어.

Spare me the details.

요점만 말해.

민준이한테 무슨 일이 있었나 봐요. 엉엉 울면서 엄마한테 이야기를 쏟아내고 있어요. 근데 횡설수설 웅얼웅얼 말하니 엄마는 알아듣지 못하셨나봐요. 혹시 심각한 일일까, 너무 걱정되는 엄마는 민준이를 달래며 말합니다. "민준아, 진 정하고 요점만 말해봐. 엄마가 알아들어야 해결을 해주지."

 오늘의 단어 spare 남는, 겪지 않아도 되게 하다

 응용 표현 **Get to the point.**
핵심을 말해봐.

I got sunburnt.

나 너무 탔어.

선생님이 아주 더운 나라로 여행갔던 적이 있어요. 그때 선글라스를 끼고 많이 걸어다녔는데, 글쎄 여행에서 돌아올 때 쯤 보니 선글라스 부분만 빼고 얼굴이 타서 팬더처럼 눈 주위에 무늬가 생겼더라구요! 자외선에 지나치게 오래 노출되는 것은 피부에 좋지 않으므로 선크림을 꼭꼭 바르도록 해요!

 sunburnt 햇볕에 탄, 그을린

 You're sunburnt. Did you not use sunscreen?
너 탔다. 선크림 안발랐니?

이번 주에 배운 표현을 복습해 볼까요?

☐ **The camera really loves you.**

너 사진발이 진짜 잘 받는다.

☐ **I want to be a doctor.** 나는 의사가 되고 싶어.

☐ **Do you have time?** 시간 여유 있으세요?

☐ **It fits!** 딱 맞아!

☐ **Spare me the details.** 요점만 말해.

I was invited to my neighbor's birthday party.

나 이웃의 생일파티에 초대받았어.

여러분은 어떤 생일파티를 좋아하나요? 많은 사람들이 오는 시끌벅적한 생일파티, 유명한 사람이 축하해주는 생일파티도 있고 친한 친구들 몇 명만 초대해서 깊은 이야기를 나누는 생일파티도 있죠. 아무도 초대하지 않고 혼자 또는 가족과만 조용히 보내는 생일파티? 초대받았을 때는 'I was invited.' 반대로 초대받지 못했을 때에는 'I wasn't invited.' 하면 된답니다.

오늘의 단어

invited 초대된
neighbor 이웃
birthday 생일

응용 표현

Are you invited to Yuna's birthday party?
유나 생일파티에 초대받았니?

A journey of a thousand miles begins with a single step.

천 리 길도 한 걸음부터.

How much did you eat?

너 얼마나 먹었니?

명절에 친척들이 모이면, 엄청나게 많은 양의 명절 음식을 먹곤 하죠! 가족들끼리 웃고 떠들고 요리를 서로 도우며 하나씩 집어먹다 보면, 얼마만큼 먹었는지도 모르게 많이 먹게 되더라구요. 지원쌤은 명절에 너무 많이 먹어서 과식 및 급체로 응급실에 간 적도 있답니다! 그 때 의사선생님이 이렇게 물어보셨어요. 'How much did you eat? 대체 얼마나 먹은거야?'

 오늘의 단어

How much 얼마, 어느 정도

 응용 표현

How much **did you spend?**
돈 얼마나 썼어?

It wasn't my fault.

그건 제 잘못이 아니었어요.

준하랑 명수가 쉬는 시간에 같이 복도를 뛰어다니고 있는데, 어디서 쨍그랑
하고 뭔가 깨지는 소리가 나는 거예요. 가봤더니 꽃병이 산산조각 나있었어
요. 준하도 명수도 억울해요. 뛰어다닌 건 맞지만, 꽃병을 치고 지나가진 않
았는데 말이죠. 제 잘못이 아니라구요!

오늘의
단어

my 나의
fault 잘못

응용
표현

It wasn't' your fault. It was just one of those things.
그건 네 잘못이 아니었어. 그건 그냥 어쩔 수 없는 일이었어.

How was your 4th of July?

독립기념일에 어땠어?

미국의 7월 4일은 독립기념일이에요. 그래서 다양한 형태로 독립기념일을 기려요. 보통의 가정에서는 집이나 마당을 미국 국기의 색깔인 빨간색과 하얀색, 파란색으로 꾸미고, 가족들이 모여 바비큐 파티를 한답니다. 또 불꽃 축제나 퍼레이드 행사 등을 하는 곳도 많아요.

오늘의 단어

How was~ 어땠어?

응용 표현

How was your weekend?
주말 어땠어? (week 주, weekend 주말)

Why don't you come along?

같이 가지 않을래?

오늘은 수업 끝나고 코인노래방에 갈 거예요. 가서 스트레스도 풀고 재밌게 놀아야겠어요! 혼자 가면 조금 심심할 것 같아 친구에게 같이 가자고 말해 보려고요. 끝나고 코인노래방에 같이 가지 않을래?

 오늘의 단어

why don't you ~? ~하지 않을래?

응용 표현

Why don't you get some sleep?
잠깐 눈 좀 붙이지 그래?

Do you mind opening the window?

창문 열어도 괜찮겠어?

쌤이 처음 이 문장을 들었던 날이 생각나네요. 창문을 열어도 되냐는 말에 어떤 친구가 'Of course not!' 이라고 했는데, 물어봤던 사람이 창문을 활짝 여는 거예요! 무시하는 건가 싶어서 당황했는데, mind라는 단어 때문이더라구요. 정확히 번역하자면 '창문 열면 싫을 것 같니?'라는 질문이기 때문에 'No' 라는 부정적인 대답이 오히려 해도 된다는 뜻이 된답니다!

 mind 신경쓰다, 언짢아하다

 Don't mind me.
저 신경 쓰지 마세요.

You deserve a lollipop!

너는 막대 사탕을 먹을 자격이 있어!

지원쌤은 어렸을 때도 지금도 주사 맞는 걸 정말 싫어해요. 그래서 병원 데려가기 참 어려운 꼬마였대요. 팔뚝에 주사를 맞고 닭똥같은 눈물을 뚝뚝 흘리고 있으면 엄마가 사탕을 사주시며 이야기하셨어요. "다 끝났어, 잘했어. 사탕을 먹을 자격이 있어!"

 오늘의 단어

deserve ~를 받을 만하다
lollipop 막대사탕

 응용 표현

He deserves a reward.
걔는 상을 탈 만해.

Every cloud has a silver lining.

- John Milton

하늘이 무너져도 솟아날 구멍은 있다.

- 존 밀튼

Let's go on a trip to Jeju Island!

우리 제주도로 놀러 가요!

쌤이 오늘 제주도를 떠올리게 하는 노래를 들었어요. 그래서 그런가 제주도 여행이 가고 싶어 졌어요. 친구들은 이렇게 날이 더워지면 여행을 떠나고 싶은 곳이 있나요?

go on a trip 여행을 떠나다

What about a trip to France?
프랑스로 여행 가는 게 어때요?

이번 주에 배운 표현을 복습해 볼까요?

☐ It wasn't my fault. 그건 제 잘못이 아니었어요.

☐ Why don't you come along? 같이 가지 않을래?

☐ You deserve a lollipop! 막대 사탕을 먹을 자격이 있어!

☐ Let's go on a trip to Jeju Island!
우리 제주도로 놀러 가요!

☐ He's wearing sunglasses. 걔 선글라스 쓰고 있어.

He's wearing sunglasses.

걔 선글라스 쓰고 있어.

본격적인 무더위를 앞두고, 햇볕이 점점 더 뜨겁고 강해지고 있어요. 우리의 피부는 선크림을 발라서 보호할 수 있어요. 그런데 너무 강한 햇빛은 눈에도 좋지 않아요. 그래서 눈 건강을 위해 선글라스를 쓰는 것도 중요해요. 강한 햇살에 눈을 찡그릴 필요도 없고 참 좋답니다.

오늘의 단어

wear 착용하다
sunglasses 선글라스

응용 표현

I didn't have my glasses on.
나는 안경을 쓰고 있지 않았다.

July

7월

친구들 벌써 반이나 왔어요!
매일 영어와 한걸음 더 가까워졌나요?
올해의 남은 시간도 쌤과 함께 즐겁게 나아가요.
쌤이 언제나 응원할게요.